AF277185

# ATAJOS DE CIENCIA

Título original: *Short Cuts. Science*

© 2024 Librero b.v. (edición española)
www.librero.nl

© UniPress Books Ltd 2023

Cover-Design: © H2G

Editor: Jason Hook
Director de arte: Alexandre Coco
Coordinadora editorial: Kate Duffy
Ilustrador: Robert Brandt

Producción de la edición española:
Traducción: Mar Cortès Ruiz
Redacción y maquetación: Delivering iBooks & Design,
Barcelona
Distribución exclusiva de la edición española:
Librero IBP S. L.
C/ Paseo de los Olmos, n.º 20
Planta 1.ª, oficina 7
28005 Madrid, España
www.librero-ibp.es

Impreso en China
ISBN: 978-84-1154-035-3

Todos los derechos reservados. Ninguna parte de esta obra
se puede reproducir, almacenar o transmitir de forma o por
medio alguno, sea este electrónico, mecánico, por fotocopia,
grabación o cualquier otro, sin la previa autorización escrita
de los titulares de los derechos.

Se han realizado todos los esfuerzos posibles para garantizar
que la información recogida en este libro sea correcta.
En caso de error u omisión al consignar los derechos de autor
de las imágenes incluidas en la obra, Librero b.v. pide disculpas
y se compromete a enmendar la información en futuras
ediciones del libro.

# ATAJOS DE
# CIENCIA

## Un recorrido breve y apasionante
## por las grandes ideas

### Asesor editorial
### MARK PEPLOW

**Librero**

INTRODUCCIÓN 6

# 1 ORÍGENES 8

¿Todavía podemos oír el Big Bang? 14
¿Cuántas estrellas se necesitan para hacer un ser humano? 16
¿Qué significa semivida? 18
¿Se ha movido la Tierra? 20
¿La vida emergió del caldo primigenio? 22
¿La evolución es el resultado de la selección natural? 24

# 2 ENERGÍA Y FUERZAS 26

¿Todo obedece a las leyes del movimiento de Newton? 32
¿Todo lo que sube...? 34
¿Por qué la termodinámica es un tema candente? 36
¿Qué carga tiene el electromagnetismo? 38
¿Qué viaja más deprisa que la velocidad de la luz? 40
¿Cómo detectar un agujero negro? 42
¿Por qué es importante la materia oscura? 44

# 3 MATERIA 46

¿Cómo dividió el átomo a los científicos? 52
¿La tabla periódica puede predecir el futuro? 54
¿Hay agentes secretos en los enlaces químicos? 56
¿La quiralidad es solo un juego de manos? 58
¿Cómo navegamos por la nanoescala? 60

# 4 FUNDAMENTOS 62

¿Quién puso el cuanto en la mecánica cuántica? 68
¿Cuándo una partícula es también una onda? 70
¿Qué hay de cierto en el principio de incertidumbre? 72
¿Qué es la antimateria? 74
¿Está obsoleto el modelo estándar? 76
¿A qué saben los neutrinos? 78
¿Cómo se atrapa un bosón de Higgs?? 80

# 5 VIDA                                                                    82

¿La taxonomía es más que un juego de palabras?                              88
¿Cómo domina el planeta la fotosíntesis?                                    90
¿Las células son la clave de la vida?                                       92
¿Qué podemos encontrar en nuestro ADN?                                      94
¿Cómo se secuencia un gen?                                                  96
¿Cómo se desarrolla una enzima?                                             98

# 6 SALUD                                                                  100

¿Qué es un germen?                                                         106
¿Las vacunas son la única vía hacia la inmunidad?                          108
¿Es la epidemiología mala para la salud?                                   110
¿Qué pasa cuando las medicinas no funcionan?                               112
¿Cómo se reprograma una célula?                                            114
¿Es buena o mala, la edición genética?                                     116

# 7 MUNDOS                                                                 118

¿El calentamiento global puede destrozar el planeta?                       124
¿Cuán diversa es nuestra biodiversidad?                                    126
¿Cuáles son los límites del crecimiento?                                   128
¿Cómo hay que renovar la energía de la Tierra?                             130
¿Podría Ricitos de Oro llevarnos hasta los extraterrestres?                132
¿Hay alguien ahí afuera?                                                   134

# 8 INFORMACIÓN                                                            136

¿Qué es fundamental en el método científico?                               142
¿Es muy constante el Sistema Internacional de Unidades?                    144
¿Cómo comenzó la revolución de la teoría de la información?                 146
¿Podemos poner orden a partir de la teoría del caos?                       148
¿La vida es solo una teoría de juegos?                                      150
¿Pueden las máquinas aprender a pensar como los humanos?                   152
¿Quién ha reivindicado supremacía cuántica?                                154

LECTURAS ADICIONALES                                                       156

RESEÑAS DE LOS COLABORADORES                                               157

ÍNDICE ALFABÉTICO                                                          158

AGRADECIMIENTOS                                                            160

# INTRODUC

L a ciencia constituye un territorio colosal de conocimiento humano. Hace unos siglos, resultaba casi
imposible que los estudiantes pudieran moverse
por todas las facetas de la ciencia. Pero, a medida
que el ritmo de los descubrimientos se ha acelerado, las
fronteras de la ciencia se han ido expandiendo a un ritmo
asombroso. De modo que, ¿cómo vamos a darle sentido al
vasto panorama científico actual?

Necesitamos un mapa. Los atajos de este libro le guia-
rán por un viaje a través de la ciencia, desde el origen de
los tiempos hasta los últimos descubrimientos en edición
genética y computación cuántica.

Por el camino, conoceremos algunos de los personajes
clave que se encuentran detrás de estos avances y que
demuestran que la ciencia no es solo una recopilación
de datos, sino una empresa profundamente humana, un
proceso imperfecto pero vibrante para averiguar cómo
funciona el universo.

Nuestra expedición empieza con una serie de historias
sobre el origen: el Big Bang, la historia de nuestra Tierra y la
evolución de la vida. Luego veremos cómo la energía y las
fuerzas modelan el cosmos y conoceremos los minúsculos
átomos y moléculas que componen nuestro día a día. Este
camino nos sumergirá en el extraño mundo subatómico de
la física cuántica. Allí podremos medir nuestros pasos en
millbillonésimas de un trillonésimo de centímetro y tal vez

encontrar una nueva teoría de la gravedad cuántica al límite de nuestra comprensión.

Después de eso, tomaremos aire y navegaremos por la mecánica de la vida, desde las células y la fotosíntesis hasta los genes y las enzimas. Nuestro conocimiento de lo que hace posible la vida ha ayudado a los investigadores a desarrollar vacunas, antibióticos y otros medicamentos que han aumentado drásticamente nuestra esperanza de vida durante el siglo pasado. También nos ha llevado a las nuevas tecnologías, como la reprogramación celular, que prometen continuar con estos increíbles avances en las ciencias de la salud y en la atención sanitaria.

Si nos alejamos un poco, veremos cómo la Tierra sustenta la vida y cómo podemos conservar el medio ambiente para las generaciones venideras. Y de ahí hacia las estrellas, donde un sinfín de mundos podrían albergar otras civilizaciones inteligentes. Nuestro destino final es la información misma, el alma de la ciencia y la fuerza impulsora de la continua revolución informática.

El terreno que abarca este libro ofrece una breve mirada al mundo científico y deja muchas cosas más para explorar. De momento, estamos contentos de que nos acompañe en este viaje alrededor de las 50 ideas más importantes de la ciencia.

¡Disfrute del viaje!

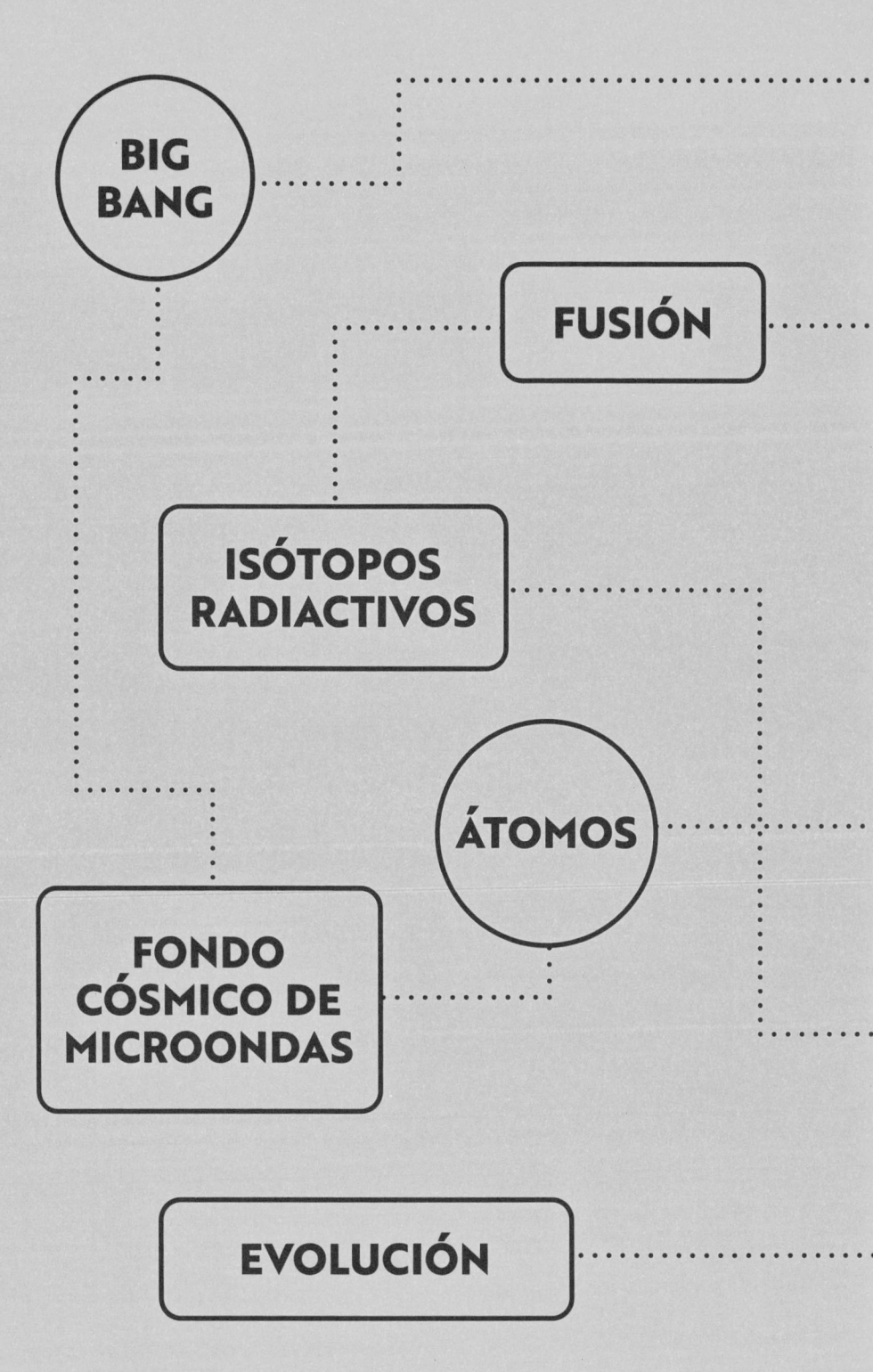

# CAPÍTULO 1

# ORÍGENES

ESTRELLA

ELEMENTOS

TIERRA PRIMITIVA

TECTÓNICA DE PLACAS

# INTRODUCCIÓN

La pregunta «¿cómo hemos llegado aquí?» es una constante del ser humano, que ha reflexionado sobre esta cuestión esencial durante milenios, y la ciencia nos puede dar algunas respuestas asombrosas. Este capítulo habla de los orígenes y de lo que cuenta la ciencia sobre el nacimiento del universo, la aparición de la vida y su evolución hasta la panoplia de **ESPECIES** que hay actualmente en nuestro planeta, incluidos nosotros.

La búsqueda para entender cómo hemos llegado aquí nos lleva a emprender un viaje épico a través del tiempo y del espacio. Todo comenzó hace 13 800 millones de años con un acontecimiento llamado **BIG BANG**, que desató toda la materia y la energía en el universo desde un solo punto (*véase* pág. 14).

A medida que el universo se expandía, la radiación de alta energía de sus primeros años se extendió a longitudes de onda más largas. Hoy en día, vemos esta radiación como **MICROONDAS** procedentes de cualquier parte del cosmos. Conocido como **FONDO CÓSMICO DE MICROONDAS**, este eco residual del Big Bang ha dejado esparcido por el cielo un mensaje imperecedero sobre la creación.

Unos cientos de miles de años después del Big Bang, el plasma ardiente que había inundado el universo se enfrió lo suficiente como para crear átomos neutros (hidrógeno, helio y un poco de litio). Pero el resto de los elementos no empezaron a aparecer hasta que, cientos de millones de años después, unas agrupaciones de gases se unieron gradualmente y formaron la primera estrella.

Las **ESTRELLAS** funcionan con energía de fusión, que se produce cuando se unen los núcleos de los átomos de hidrógeno para formar helio, seguido de carbono, oxígeno y otros elementos. Las estrellas más masivas pueden crear elementos incluso más pesados, antes de descargarlos en una espectacular explosión de **SUPERNOVA**. La mayoría de los elementos que hay en nuestro cuerpo se formaron por reacciones de **FUSIÓN** dentro de las estrellas (*véase* pág. 16).

La nube en espiral de polvo y gas que engendró nuestro Sol también creó la colorida gama de planetas de nuestro sistema solar. Mediante el estudio de los isótopos radiactivos de las rocas más antiguas de la Tierra, los científicos han averiguado que nuestro mundo se formó hace aproximadamente 4500 millones de años (*véase* pág. 18).

Desde entonces, la Tierra ha experimentado cambios espectaculares. El lento movimiento de las rocas semifundidas bajo la corteza terrestre ha desplazado y remodelado los continentes muchas veces en un proceso denominado **TECTÓNICA DE PLACAS**, el cual origina el enriquecimiento de los océanos con elementos esenciales para la vida (*véase* pág. 20).

El debate sobre cómo surgió la vida en la Tierra sigue bien abierto. Un famoso experimento intentó imitar las condiciones de la Tierra primitiva y descubrió que, al aplicar electricidad a una mezcla de agua caliente y gases diversos, se obtenían muchos de los componentes básicos de las moléculas biológicas (*véase* pág. 22).

Aún hoy, no sabemos cómo se organizaron estas moléculas para crear los organismos unicelulares que rigieron la Tierra durante miles de millones de años. Pero está claro que la **EVOLUCIÓN** los convirtió gradualmente en organismos más complejos que se diversificaron en muchas especies diferentes (*véase* pág. 24). Hace unos 300 000 años, este proceso creó un primate especialmente inteligente llamado *Homo sapiens*, el primer humano moderno.

# MAPA DE LOS ORÍGENES

## COSMOLOGÍA

### BIG BANG
Teoría ampliamente aceptada sobre el nacimiento del universo hace aproximadamente 13 800 millones de años, según la cual surgió a raíz de la explosión de un único punto infinitamente denso.

### FONDO CÓSMICO DE MICROONDAS
Restos de radiación de la etapa inicial del nacimiento del universo, cuando rápidamente explotó y se enfrió. Se considera una evidencia del Big Bang.

### ESTRELLA
Objeto astronómico enorme formado por un gas muy caliente llamado plasma, dentro del cual se fusionan el helio y el hidrógeno para formar elementos más pesados, emitiendo energía en forma de luz y calor.

### FUSIÓN
Se produce cuando dos núcleos atómicos se unen para hacer otro más pesado. Las diferencias en la masa se deben a la liberación o la absorción de energía.

### GALAXIA
Conjunto de estrellas, nubes de gas y otros objetos que se mantienen juntos por la gravedad. Probablemente haya miles de millones de galaxias en el universo.

### SUPERNOVA
Poderosa y visible explosión de una estrella al final de su vida que emite una cantidad enorme de materia y energía.

### CHARLES DARWIN
Naturalista, geólogo y biólogo inglés (1809-1882) creador de la teoría que sostiene que la evolución se produce a partir de un proceso de selección natural.

### SELECCIÓN NATURAL
Proceso evolutivo en el cual los organismos que están mejor adaptados al entorno tienen más posibilidades de sobrevivir y transmitir características ventajosas a su descendencia.

### ESPECIE
Grupo de organismos que pueden reproducirse naturalmente entre ellos y crear descendencia fértil. El proceso de evolución de las poblaciones para convertirse en una especie distinta se denomina especiación.

## EVOLUCIÓN

# FÍSICA

## MICROONDAS

Un tipo de radiación electromagnética. Las definiciones varían, pero puede incluir longitudes de onda de un metro a un milímetro (frecuencias de 300 MHz a 300 GHz) o de 0,3 metros a tres milímetros (de 1 a 100 GHz).

## RADIACIÓN ELECTROMAGNÉTICA

Energía que se propaga a través de ondas electromagnéticas que viajan a la velocidad de la luz. Comprende las ondas de radio, las microondas, los rayos infrarrojos, la luz visible, la luz ultravioleta, los rayos X y los rayos gamma.

## SEMIVIDA

Tiempo que requiere una cantidad para reducir a la mitad su valor. En desintegración radiactiva, es lo que tardan en cambiar la mitad de los núcleos radiactivos de una muestra.

## DESINTEGRACIÓN RADIACTIVA

Proceso mediante el cual núcleos atómicos inestables emiten espontáneamente partículas y energía, y se transforman en otros núcleos más estables.

## TECTÓNICA DE PLACAS

Teoría según la cual la corteza externa sólida de la Tierra está dividida en grandes piezas («placas») que se mueven en relación con las otras dando lugar a cadenas montañosas, volcanes y terremotos.

## EVOLUCIÓN

Teoría biológica que sostiene que los seres vivos de la Tierra cambian gradualmente con el tiempo debido a modificaciones en generaciones sucesivas.

## ABIOGÉNESIS

Teoría del proceso químico según la cual las primeras formas simples de vida en la Tierra surgieron de materia inerte.

## ÁCIDO RIBONUCLEICO (ARN)

Presente en todas las células vivas, es una molécula monocatenaria que contiene información copiada del ADN. Muchas formas de ARN intervienen en la fabricación de proteínas.

## CALDO PRIMIGENIO

Mezcla de compuestos químicos orgánicos que podría producir los componentes básicos para la vida cuando se expone a las condiciones atmosféricas adecuadas.

# ¿Todavía podemos oír el Big Bang?

→ Sí, podemos. Se conoce como fondo cósmico de microondas y nos ayuda a reconstruir la historia de nuestro universo. Para oírlo, solo necesitamos una radio.

Nuestro universo nació con el Big Bang hace unos 13 800 millones de años. Cuando miramos al espacio, podemos ver galaxias distintas a las nuestras alejándose de nosotros. Detectamos las galaxias que se alejan por su color. Piense en el sonido de la sirena de una ambulancia, que cambia de tono después de pasar por delante de nosotros porque, a medida que se aleja, su longitud de onda se amplía. Lo mismo sucede con las ondas de luz que provienen de las galaxias. Las ondas se extienden y se ven más rojas. Cuanto más se mueve una galaxia, más roja es la luz. Es lo que se conoce como «desplazamiento al rojo».

Este fenómeno revela que nuestro universo se expande, lo que significa que en el pasado debió haber sido mucho más pequeño. Si retrocedemos lo suficiente, hubo un instante en que toda la materia del universo se concentró en un único punto que empezó a expandirse hacia el exterior, el Big Bang.

Después del Big Bang, el universo se inundó de radiación en forma de luz. El joven y ardiente universo se hinchó rápidamente y, a continuación, se fue enfriando poco a poco. Al expandirse, la luz se extendió en microondas. En la actualidad, después de tantos miles de años, todavía queda calor residual del Big Bang en forma de radiación flotante, que puede detectarse con telescopios de microondas especializados como un «resplandor» que penetra en el cielo. Este resplandor es el fondo cósmico de microondas (CMB, por sus siglas en inglés), un eco del Big Bang.

El CMB no se puede apreciar a simple vista porque está demasiado frío (-273'15 °C), pero es posible oírlo. En 1948, el cosmólogo estadounidense Ralph Apher fue el primero en predecirlo. Sin embargo, no fue hasta 1964 cuando Arno Penzias y Robert Wilson lo descubrieron por casualidad, lo que les valió el Premio Nobel de Física. Los astrónomos estaban utilizando una antena de radio para captar señales del espacio cuando un ruido los desconcertó. Primero pensaron que se trataba de algún tipo de interferencia, pero luego se dieron cuenta de que el sonido provenía de todo el cielo de manera uniforme, de cualquier dirección a la que apuntaran la antena. Habían detectado el CMB.

Este hallazgo fue como descubrir las cenizas de un infierno extinto desde hace tiempo, pero consolidó el Big Bang como la teoría más plausible para los cosmólogos sobre el origen del universo.

# FONDO CÓSMICO DE MICROONDAS

No es muy habitual que la cosmología cope la portada de los periódicos. Pero, en 1992, cuando los datos de la misión del Explorador del Fondo Cósmico (COBE) de la NASA dibujaron un mapa del CMB, fue una gran noticia. El mapa tiene forma ovalada para simplificar la representación de la información. Nos muestra que, aunque el CMB está presente en todo el universo, existen pequeñas fluctuaciones muy sutiles dentro de él, marcadas con diferentes tonos en la imagen, donde las regiones más oscuras revelan el lugar en el que se forman las galaxias y otras estructuras. Estas fluctuaciones nos ayudan a determinar con mayor precisión la edad y la composición del universo, incluido el nacimiento de las primeras estrellas.

Las regiones densas forman galaxias.

# ¿Cuántas estrellas se necesitan para hacer un ser humano?

**→ Varias, probablemente. Nuestra propia estrella, el Sol, sustenta la vida en la Tierra. No obstante, la mayoría de los elementos químicos de nuestro cuerpo surgieron dentro de otras estrellas que vivieron y murieron hace miles de millones de años.**

Nuestro cuerpo está formado por un maravilloso conjunto de elementos. Alrededor del 99 % de nuestra masa proviene solo de seis elementos químicos (oxígeno, carbono, hidrógeno, nitrógeno, calcio y fósforo), pero también tenemos unos veinte elementos más que son esenciales para la vida, como el cloro, el magnesio y el potasio.

Cada uno de nuestros átomos de hidrógeno tiene un protón en su núcleo que se formó dentro del primer segundo después del Big Bang (*véase* pág. 14). Sin embargo, la mayoría de los elementos de nuestro cuerpo se crearon dentro de las estrellas.

Las estrellas generan energía mediante una especie de alquimia cósmica, convirtiendo elementos ligeros en otros más pesados en un proceso llamado fusión. El calor y la presión colosales del centro de una estrella provocan la fusión de protones, lo que crea el núcleo de un átomo de helio. El proceso fue formulado en 1920 por el astrónomo Arthur Eddington y desarrollado después por otros científicos.

Pero fue Fred Hoyle quien, en las décadas de 1940 y 1950, propuso que otro proceso de fusión podía construir núcleos atómicos más grandes. Cuando se agota el hidrógeno de una estrella, esta se contrae y su centro se calienta lo suficiente para que se fusionen los núcleos de helio y se transformen en elementos como el carbono y el oxígeno. Las estrellas más livianas tienden a detenerse en este punto y se convierten en enanas blancas, pero las más pesadas pueden continuar evolucionando a través de la tabla periódica (*véase* pág. 54) para producir hierro, cobalto y níquel. En algunas estrellas, otras reacciones nucleares generan neutrones adicionales en estos núcleos, creando elementos aún más pesados.

En este momento, las cosas pueden experimentar un giro explosivo. Sin la presión hacia fuera de la fusión, el centro de una estrella masiva se colapsa y los núcleos se unen para formar una estrella de neutrones o incluso un agujero negro (*véase* pág. 42). La onda expansiva resultante hace estallar las capas externas de la estrella en una explosión de supernova, esparciendo todos sus elementos por el cosmos. Los científicos creen que las colisiones entre estrellas de neutrones, y entre enanas blancas, también son una fuente importante de los elementos más pesados que el hierro.

Cada vez que las estrellas colisionan o explotan, tienen el potencial de engendrar nueva vida en el cosmos. El «vómito» de estas estrellas puede unirse a las nubes del espacio para generar nuevas estrellas y planetas. Dada la edad de nuestra galaxia, muchos átomos de nuestro cuerpo pueden haber pasado ya por varias de estas resurrecciones estelares.

# NUCLEOSÍNTESIS ESTELAR

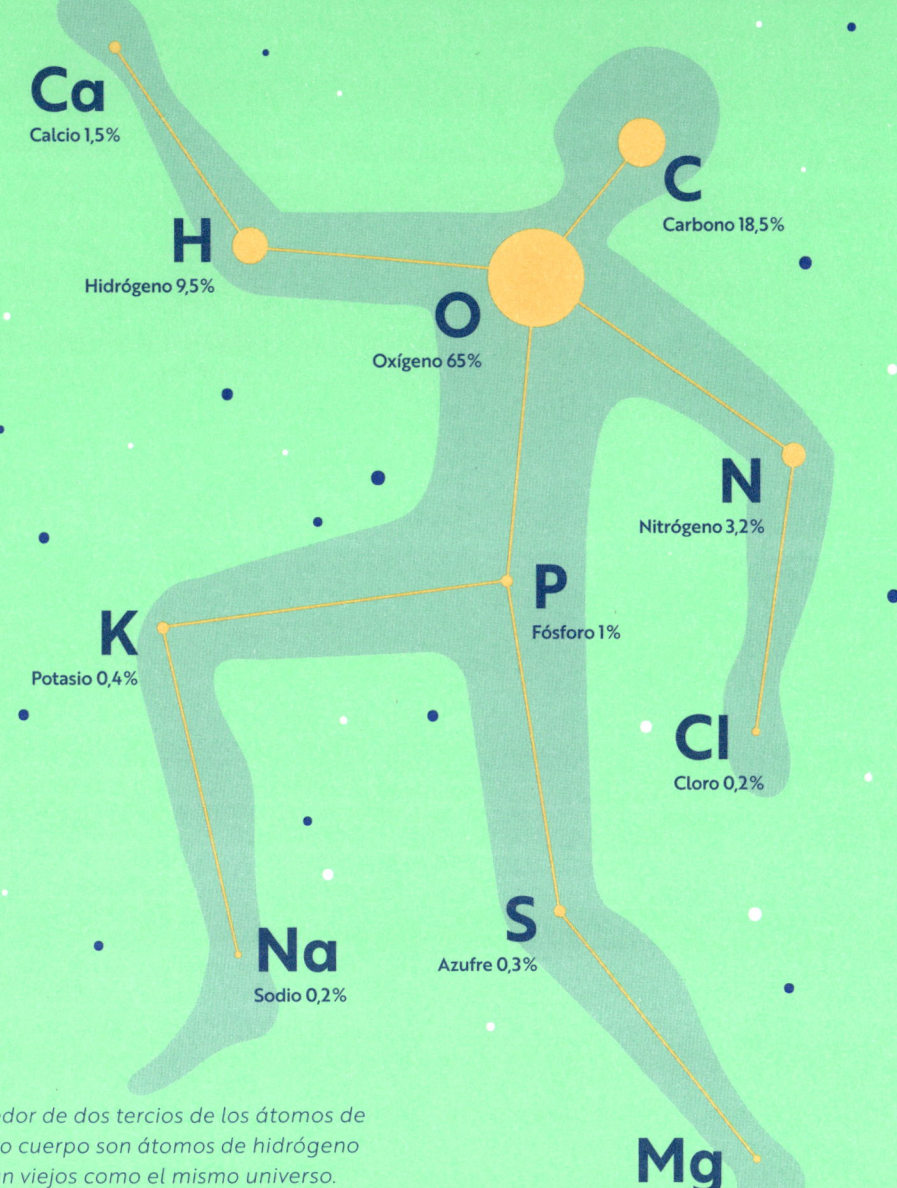

**Ca** Calcio 1,5%

**C** Carbono 18,5%

**H** Hidrógeno 9,5%

**O** Oxígeno 65%

**N** Nitrógeno 3,2%

**K** Potasio 0,4%

**P** Fósforo 1%

**Cl** Cloro 0,2%

**Na** Sodio 0,2%

**S** Azufre 0,3%

**Mg** Magnesio 0,1%

*Alrededor de dos tercios de los átomos de nuestro cuerpo son átomos de hidrógeno casi tan viejos como el mismo universo. Aun así, solo el hidrógeno ya representa el 10 % de nuestra masa porque es el elemento más ligero. El resto de nuestros átomos se crearon por reacciones de fusión nuclear en el centro de las estrellas. El oxígeno y el carbono son los más comunes, pero incluso elementos como el azufre o el magnesio, que constituyen menos del 1 % de nuestra masa, resultan esenciales para la vida. Como reza la célebre frase del astrónomo Carl Sagan: «Estamos hechos de polvo de estrellas».*

# ¿Qué significa semivida?

**→ Es el tiempo que tarda en desintegrarse la mitad de los átomos de un elemento en una muestra. Medir los resultados nos ayuda a estimar la edad de las piedras y otros materiales, un procedimiento clave para descifrar la historia de nuestro planeta.**

Todos los elementos tienen semivida porque todos cuentan con isótopos radiactivos. Con el tiempo, sus núcleos atómicos se descomponen en un proceso llamado desintegración radiactiva. La semivida de un elemento es el tiempo que tardan la mitad de los átomos en realizar este proceso en una muestra. Los elementos altamente radiactivos, como el polonio y el plutonio, tienen isótopos con semividas muy cortas. Los más estables, como el estaño, pueden tener isótopos con semividas largas.

El núcleo de cada átomo de cada elemento químico contiene neutrones y protones, excepto el hidrógeno (*véase* pág. 52). Aunque todos los átomos de un determinado elemento tienen el mismo número fijo de protones en su núcleo, la cantidad de neutrones puede variar, por lo que hay elementos con diferentes isótopos. Mientras que los elementos habituales como el oxígeno tienen, como mínimo, un isótopo estable, sus isótopos menos estables son los que se desintegran más deprisa. Los elementos altamente radiactivos se desintegran más rápido, pero la velocidad a la que lo hacen sus isótopos varía.

La semivida de los isótopos oscila entre los miles de millones de años y las milésimas de segundo. Además, los núcleos atómicos de una muestra no se desintegran simultáneamente, sino que «estallan» de manera aleatoria, como las burbujas de una bañera, hasta que finalmente todos se descomponen.

La radiación que emiten algunos isótopos cuando se desintegran puede ser peligrosa, como la del uranio de las centrales nucleares. Conocer su semivida nos permite calcular cuánto tiempo se pueden almacenar los residuos radiactivos de forma segura.

Pero la desintegración radiactiva también tiene ventajas porque permite fechar rocas y fósiles o materiales arqueológicos. Comparar los isótopos de un objeto cuando fue creado (o de un fósil al morir el animal o la planta) con los que todavía quedan por desintegrarse revela cuántas semividas han pasado desde que fue creado y, por tanto, su edad.

El isótopo de carbono-14, relativamente inestable, es útil para datar objetos arqueológicos de unos cuantos miles de años de antigüedad (el número 14 se refiere a la cantidad de neutrones y protones de su núcleo). El potasio-40 es mucho más estable; se descompone en argón-40 con una semivida de 1250 millones de años. La comparación de las cantidades de ambos en rocas antiguas ayuda a determinar la edad de la Tierra (unos 4500 millones de años) y sus estructuras.

# DATACIÓN RADIOMÉTRICA

Carbono-14

Nitrógeno-14

La datación radiométrica se utiliza para
calcular la edad de las rocas y de las cosas
que alguna vez vivieron (como fósiles,
madera o huesos). Con el tiempo, el «isótopo
padre» (como el carbono-14) se descompone
en el «isótopo hijo» (que en este caso sería
el nitrógeno-14). La capacidad de calcular
la cantidad de ambos permite determinar
la edad de las cosas. La desintegración
radiactiva también puede ayudar a los
médicos a estudiar el cuerpo humano. Si
se inyecta fósforo radiactivo en las venas
de una persona con un hueso roto, se
desplaza a las áreas en las que el hueso
está creciendo, donde se descompone.
Los médicos pueden detectarlo, lo que les
permite obtener una imagen de la fractura
y decidir la mejor manera de proceder.

# ¿Se ha movido la Tierra?

→ **Probablemente sí, aunque depende del lugar donde se encuentre porque algunas zonas del planeta se mueven más rápido y más a menudo que otras. La corteza terrestre es un rompecabezas en constante movimiento, impulsado por fuerzas que operan bajo nuestros pies.**

En 1912, el geofísico Alfred Wegener se dio cuenta de que la costa este de América y las costas occidentales de África y Europa encajaban de maravilla. ¿Se habían distanciado? Bueno, más o menos. Y, mientras que las primeras teorías sobre la deriva continental han quedado obsoletas, se ha instaurado lo que se conoce como la tectónica de placas.

Los continentes no se desplazan, pero la corteza sobre la que se asientan se mueve por lo que hay debajo. En el centro de la Tierra hay un núcleo denso de hierro y níquel. En la superficie está la corteza. Entre el núcleo y la corteza se encuentra el manto, una capa de roca caliente semisólida que representa dos tercios de la masa de nuestro planeta.

Imagine que el manto es una olla de agua que hierve lentamente con corrientes de convección que llevan el material calentado a la superficie de manera continua. Este material se enfría, se hunde y se sustituye por otro nuevo. Flotando sobre estas células de convección agitadas se hallan las placas tectónicas, que forman la corteza terrestre. Estos ciclos de convección aseguran el movimiento constante de las placas.

En las zonas donde convergen las placas (bordes destructivos), una se hunde debajo de la otra. Esto crea una zona de subducción que se sumerge dentro del manto, como un cuchillo caliente en la mantequilla. Los volcanes se forman cuando esta placa fundida sale de nuevo a la superficie. Los terremotos son frecuentes en estas áreas y pueden llegar a provocar tsunamis. Si las placas chocan en el océano, se forman grietas como la fosa de las Marianas. Si impactan donde confluyen masas continentales, la corteza se deforma, empujando hacia arriba para formar cadenas montañosas como la del Himalaya.

Donde las placas divergen (bordes constructivos), aparece una grieta en la corteza. Esta grieta se llena repetidamente de magma caliente, que la cubre como lo hace la costra con un corte. El mejor ejemplo es la dorsal mesoatlántica, que separa Europa y América del Norte unos centímetros cada año, de la que forma parte Islandia. Los bordes constructivos aparecen también en tierra firme, como en el valle del Rift, en África.

Cuando las placas no convergen ni divergen, pueden deslizarse juntas (bordes transformantes o fallas). Un ejemplo de ello es la falla de San Andrés, en California, que se adhiere y se desliza alternativamente, causando terremotos devastadores.

# TECTÓNICA DE PLACAS

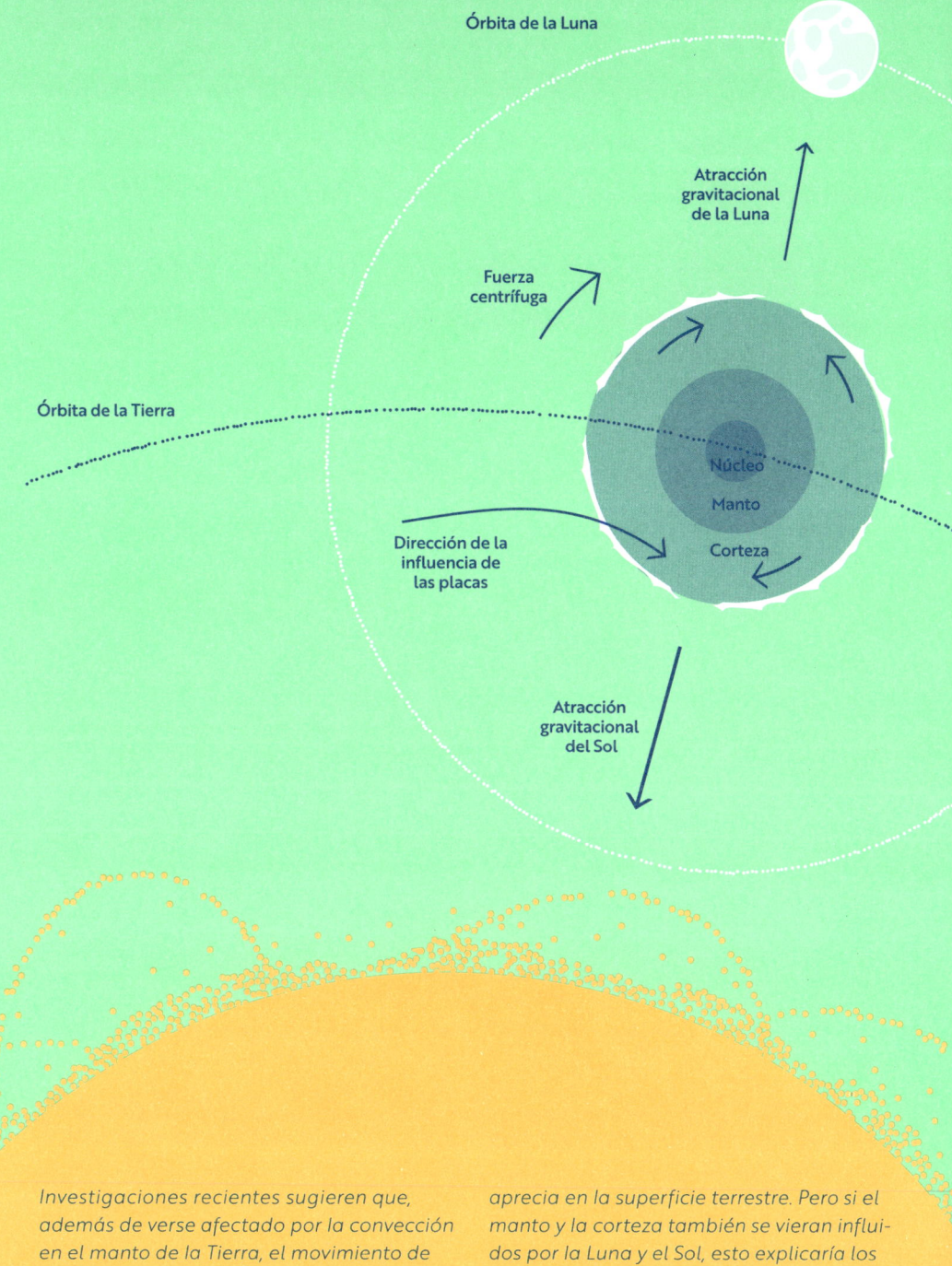

Órbita de la Luna

Atracción gravitacional de la Luna

Fuerza centrífuga

Órbita de la Tierra

Núcleo

Manto

Dirección de la influencia de las placas

Corteza

Atracción gravitacional del Sol

Investigaciones recientes sugieren que, además de verse afectado por la convección en el manto de la Tierra, el movimiento de las placas tectónicas podría depender de la atracción gravitacional del Sol y la Luna. En algunos casos, las corrientes de convección del manto no son lo suficientemente fuertes para explicar la actividad tectónica que se aprecia en la superficie terrestre. Pero si el manto y la corteza también se vieran influidos por la Luna y el Sol, esto explicaría los actuales niveles de actividad volcánica y los terremotos que observamos. Con el tiempo, esta nueva línea de investigación podría transformar nuestra manera de entender lo que impulsa la tectónica de placas.

# ¿La vida emergió del caldo primigenio?

**→ Sí, porque aquí estamos. Pero ¿cómo? ¿Qué tenía de especial la composición de este caldo primigenio? ¿Y qué pudo haber convertido sus compuestos químicos inertes en la floreciente biosfera que vino después?**

En el año 1953, en la Universidad de Chicago, Harold Urey y Stanley Miller se propusieron reproducir las condiciones atmosféricas de la tierra primitiva.

Dos semanas después, su interpretación del caldo primigenio de nuestro planeta había producido aminoácidos, los componentes básicos de las proteínas necesarias para la vida. Posteriormente, versiones más sofisticadas del experimento generaron todavía más moléculas, como los lípidos, elementos imprescindibles para el inicio de la vida.

El objetivo del experimento era demostrar que una serie de reacciones químicas indeterminadas del caldo podrían haber dado lugar a la primera célula viva, un proceso llamado abiogénesis. Esto podría haber ocurrido más de una vez en la historia de nuestro planeta, pero ahora sería imposible debido a la composición actual de la atmósfera terrestre.

Muchas de las hipótesis que determinan la aparición de esta primera célula viva sugieren que la vida empezó con una simple molécula de ácido ribonucleico (ARN), que podía copiarse sin la ayuda de otras moléculas. Tanto el ARN como el ácido desoxirribonucleico (ADN, *véase* pág. 94) y las proteínas son esenciales para la vida en la Tierra, pero esta hipótesis sostiene que el ARN apareció en primer lugar. El ARN puede provocar reacciones químicas, como las proteínas, y transportar información genética como el ADN, por lo cual muchos paleobiólogos piensan que la vida pudo haber comenzado en un mundo de ARN, antes de que existieran las proteínas y el ADN.

No obstante, todavía deben realizarse experimentos que demuestren esta teoría en la práctica y, mientras tanto, van apareciendo nuevas teorías del origen de la vida. Una es la panspermia, que defiende que la Tierra fue bombardeada con meteoritos que contenían organismos vivos. Otra sostiene que la vida se desarrolló alrededor de respiraderos naturales en zonas cálidas de las profundidades oceánicas. La cuestión sigue siendo una de las más controvertidas en el campo de las ciencias de la vida.

Las investigaciones sobre el desarrollo de la vida en la Tierra se han beneficiado del estudio de otros planetas y satélites de nuestro sistema solar. Por ejemplo, Titán (un satélite de Saturno) tiene una atmósfera con moléculas orgánicas complejas que podría ser un reflejo de las condiciones de la Tierra primitiva.

# COMPONENTES BÁSICOS DE LA VIDA

Para recrear el concepto del caldo primigenio, los investigadores de la Universidad de Chicago llenaron un bol de vidrio con agua, hidrógeno, amoniaco y metano (lo que consideraban que se ajustaba a las condiciones de la Tierra primitiva). A continuación, calentaron la mezcla para imitar el efecto del Sol y aplicaron chispas eléctricas para simular los rayos. Fue parecido a poner ingredientes crudos en una cazuela, meterla en el horno y ver cómo se transforman con la cocción, aunque en este caso el resultado sería mucho más duradero.

# ¿La evolución es el resultado de la selección natural?

➡ **Lo es. La selección natural es el proceso mediante el cual las especies evolucionan en respuesta a los cambios ambientales. Es la fuerza impulsora que da forma a la vida en la Tierra y sigue siendo una de las teorías más aceptadas en la historia de la ciencia.**

En 1859, Charles Darwin publicó el libro con su teoría de la evolución por selección natural, que provocó una gran polémica. Proponía que la vida no era algo que simplemente había surgido, sino que evolucionaba. Sostenía que todas las especies son descendientes modificados de especies anteriores y que comparten un antepasado común, por lo que todas las formas de vida estarían conectadas entre sí en un enorme árbol de la vida.

Sugirió que la evolución se rige por la selección natural o «la supervivencia del más apto». Los miembros de una misma especie son similares, pero existen pequeñas diferencias hereditarias que ayudan a algunos individuos a sobrevivir. Unos, por ejemplo, están más capacitados para huir de los depredadores o para tolerar toxinas. Se dice que estos individuos son «más aptos» que aquellos que carecen de estas características y, en consecuencia, son más propensos a reproducirse y a transmitir estos rasgos ganadores a la siguiente generación. Con el paso del tiempo, esto acaba generando un cambio en la especie, a medida que las características beneficiosas se hacen más habituales y las más dañinas desaparecen.

A lo largo de muchas generaciones, estos cambios se acumulan y se produce lo que se conoce como especiación: la formación de una nueva especie. Esto ocurre generalmente cuando diferentes poblaciones de la misma especie llegan a ser tan distintas genéticamente que ya no pueden reproducirse entre sí. Cuantas más especies se forman, más se diversifica la vida.

A veces, los animales poseen rasgos sin ningún valor de supervivencia evidente. Por ejemplo, los pavos reales tienen plumas largas y llamativas que sin duda les entorpecen la huida ante el ataque de un depredador. Según la teoría de la selección natural, esta característica debería haber desaparecido con el tiempo, pero no ha sido así. Darwin se refirió a este hecho como selección sexual, que no deja de ser un tipo de selección natural. El científico argumentaba que algunos rasgos persisten en el tiempo porque hacen que los machos sean más atractivos para las hembras y, por tanto, aumentan su capacidad de reproducción.

# LA EVOLUCIÓN EN ACCIÓN

Si el entorno cambia rápidamente, el lento proceso de la evolución se acelera. Esto sucedió durante la Revolución Industrial, cuando un cambio genético aleatorio provocó que la polilla moteada cambiara de color. La nueva versión, de color oscuro, se confundía con la capa de hollín que cubría la corteza de los árboles donde descansaba de día (arriba), mientras que la versión anterior, más clara, (abajo) era una presa más fácil para los depredadores. Con el tiempo, esto condujo a un cambio: la versión más oscura proliferó, mientras que la más clara se fue haciendo menos común.

LEY DE LA TERMODINÁMICA

ENTROPÍA

ELECTROMAGNETISMO

GRAVEDAD

TEORÍA DE LA RELATIVIDAD ESPECIAL

TEORÍA DE LA RELATIVIDAD GENERAL

# CAPÍTULO 2

# ENERGÍA Y FUERZAS

LEYES DEL MOVIMIENTO

MATERIA OSCURA

ENERGÍA OSCURA

# INTRODUCCIÓN

La energía y las fuerzas dan forma al universo. Nos permiten comprender por qué se cae una manzana de un árbol y por qué brilla el Sol, y nos muestran que el funcionamiento interno del cosmos es, a la vez, maravilloso y profundamente extraño.

La **ENERGÍA** se presenta de muchas formas diferentes. Se encuentra en el calor de una brasa incandescente, en el giro de un volante y en los enlaces químicos de un explosivo. Sin embargo, todo ello son aspectos distintos de la misma fuerza vigorosa, que puede cambiar de una forma a otra y que tiene el potencial de hacer algo útil por el camino; en otras palabras, la energía es sencillamente la capacidad de hacer un trabajo. Un aspecto crucial es que la energía ni se crea ni se destruye, solo se transforma, una idea consagrada en la primera ley de la **TERMODINÁMICA** (*véase* pág. 36).

Las **FUERZAS**, mientras tanto, son las responsables de repeler o atraer las cosas. A cualquier escala que podamos concebir, actúan distintas fuerzas: unen los componentes de un núcleo y también las estrellas de una galaxia en espiral.

**ISAAC NEWTON** allanó el camino para comprender las fuerzas con sus tres **LEYES DEL MOVIMIENTO** (*véase* pág. 32). También se dio cuenta de que todo en el universo ejerce una fuerza gravitacional sobre todo lo demás y desarrolló su ley de la gravitación universal para explicar las trayectorias de las balas de cañón y las órbitas de los planetas (*véase* pág. 34).

Otra de las fuerzas fundamentales de la naturaleza es el **ELECTROMAGNETISMO** (*véase* pág. 38). En el siglo XIX, James Clerk Maxwell demostró que la electricidad y el magnetismo son dos caras de la misma moneda. En movimiento, las cargas pueden generar **CAMPOS MAGNÉTICOS** que actúan sobre partículas cargadas. Estas interacciones están en el corazón de cualquier motor eléctrico, teléfono móvil y muchos otros lugares.

La propia luz es una partícula electromagnética, compuesta por varios campos eléctricos y magnéticos que se persiguen sin cesar los unos a los otros en una danza sinuosa. Descubrir que la luz es una forma de radiación electromagnética hizo posible una gran cantidad de hallazgos, que finalmente llevaron a **ALBERT EINSTEIN** a formular sus dos teorías de la relatividad (*véase* pág. 40).

La **TEORÍA DE LA RELATIVIDAD ESPECIAL** se basa en la idea de que la velocidad de la luz en el vacío siempre parece ser la misma, independientemente de que el observador esté quieto o en movimiento. Una consecuencia extraña es que cuanto más rápido viaja uno, más se ralentiza el tiempo. Otra es que la masa y la energía son equivalentes, como se describe en la icónica ecuación $E=mc^2$, por lo que podríamos pensar en la materia como una forma de energía.

Einstein desarrolló luego la **TEORÍA DE LA RELATIVIDAD GENERAL**, concluyendo que las masas «deforman» el tejido del universo para causar lo que percibimos como **GRAVEDAD**. La teoría de la relatividad general también predijo la existencia de los agujeros negros (*véase* pág. 42).

Todavía están por resolver muchos misterios sobre la energía y las fuerzas. Por ejemplo, los astrónomos piensan que las galaxias se mantienen juntas con la ayuda de la **MATERIA OSCURA** y que la expansión acelerada del universo está impulsada por algún tipo de **ENERGÍA OSCURA** (*véase* pág. 44). Obtener las respuestas de estos misterios es uno de los principales retos científicos del siglo XXI.

# EL MAPA DE LA ENERGÍA Y LAS FUERZAS

## MASA

### CAMPO MAGNÉTICO
Modo en que se distribuye la fuerza magnética alrededor y dentro de algo magnético, o como resultado de una corriente eléctrica.

### ECUACIONES DE MAXWELL
Cuatro ecuaciones elaboradas por James Clerk Maxwell para describir las propiedades de los campos magnéticos y de las cargas, las corrientes y los campos eléctricos y cómo se relacionan entre sí.

### CARGA ELÉCTRICA
Propiedad de algunas partículas subatómicas que hace que la materia experimente una fuerza en un campo electromagnético.

### FUERZA
Atracción o repulsión entre objetos, ya sea en la distancia o por contacto. Una fuerza puede hacer que algo se mueva y cambie de velocidad o de forma.

### ELECTROMAGNETISMO
Una de las principales fuerzas de la naturaleza, centrada en la interacción entre los objetos con carga eléctrica y los campos magnéticos resultantes.

### LAS LEYES DEL MOVIMIENTO
Tres leyes publicadas por Isaac Newton en 1687 que describen la relación entre las fuerzas que actúan sobre un cuerpo en movimiento. Estas leyes no funcionan a escala atómica o cuando los objetos viajan a una velocidad cercana a la de la luz.

### GRAVEDAD
Fuerza de atracción entre dos objetos, que depende de su masa y de la distancia que los separa, según Isaac Newton. Para grandes masas, está descrita con más precisión en la teoría de la relatividad general de Albert Einstein.

### ISAAC NEWTON
Físico inglés (1643-1727) que, entre muchos otros logros, formuló las leyes del movimiento y la gravitación universal.

### ENERGÍA OSCURA
Forma hipotética de energía que actúa de manera opuesta a la gravedad, que se propone como razón para explicar por qué la expansión del universo se va acelerando.

### MATERIA OSCURA
Forma hipotética de materia invisible que compone más del 80 % de toda la materia del universo y explica el particular comportamiento de las estrellas, los planetas y las galaxias.

# RELATIVIDAD

## TERMODINÁMICA
Ciencia de la relación entre la temperatura, el calor, el trabajo y la energía.

## ENTROPÍA
Medida del desorden y la aleatoriedad de un sistema. En termodinámica, aumentar la entropía implica que haya menos energía térmica disponible para el trabajo útil.

## ENERGÍA
Capacidad de «trabajar». Puede cambiar de una forma (por ejemplo, térmica, eléctrica o química) a otra, pero no puede ser ni creada ni destruida en un sistema cerrado, de acuerdo con la ley de la conservación de la energía.

## $E=mc^2$
Ecuación de Albert Einstein que muestra la relación entre la masa y la energía, donde **E** es la energía, **m** es la masa, y **c** es la velocidad de la luz.

## TEORÍA DE LA RELATIVIDAD ESPECIAL
Teoría de Albert Einstein de 1905 que explica por qué la velocidad de la luz en un vacío es la misma para todos los observadores, independientemente de su movimiento o la fuente de luz.

## TEORÍA DE LA RELATIVIDAD GENERAL
Teoría de Albert Einstein de 1915 que explica que la gravedad se debe a la deformación del espacio-tiempo por objetos con masa.

## ALBERT EINSTEIN
Físico teórico (1879-1955) que desarrolló las teorías de la relatividad general y especial y que contribuyó al desarrollo de la mecánica cuántica.

## AGUJERO NEGRO
Objeto astronómico tan denso y con tanta gravedad que nada, ni siquiera la luz, puede escapar de él.

## ESPACIO-TIEMPO
Es la combinación del espacio tridimensional con una cuarta dimensión, que es el tiempo. Un concepto esencial en la teoría de la relatividad general.

# ¿Todo obedece a las leyes del movimiento de Newton?

⟶ **Casi todo. Las leyes de Newton tienen más de 300 años y, aunque en general se mantienen vigentes, ahora sabemos que en determinados escenarios no se cumplen.**

Las tres leyes del movimiento de Isaac Newton son uno de los conceptos más conocidos del mundo de la física. Cada día tropezamos con ejemplos que nos las demuestran. Publicadas por Newton en 1687 en el tratado *Principios matemáticos de la filosofía natural*, comúnmente conocido como *Principia*, la primera ley establece que un cuerpo no modifica su estado inicial de reposo o de movimiento rectilíneo a una velocidad constante si no se le aplica una fuerza. La segunda ley dice que la fuerza que actúa sobre un objeto es igual al producto de su masa y aceleración. Y la tercera reza que si dos objetos ejercen fuerza uno sobre el otro, estas serán iguales en magnitud pero opuestas en dirección.

Estas leyes tienen más de 300 años y han demostrado ser ciertas en la mayoría de los casos. Sin embargo, como otros descubrimientos de la física clásica, no resultan tan aplicables cuando consideramos los extremos del universo, tanto a nivel macroscópico como microscópico. Por ejemplo, se ha descubierto que las partículas subatómicas no funcionan según los preceptos de la física newtoniana; por tanto, en la más pequeña de las escalas necesitamos recurrir a la mecánica cuántica (*véase* pág. 68). De manera similar, los objetos que viajan, o se aproximan, a la velocidad de la luz también se describen mejor bajo otras leyes, incluidas las de la relatividad especial y general (*véase* pág. 40).

Ahora sabemos que, en lugar de ser una teoría que lo abarca todo, las leyes del movimiento de Newton son, de hecho, un caso especial que solo es cierto en lo que se conoce como un marco de referencia inercial, es decir, un marco de referencia donde, si no se aplica una fuerza externa a algo, ese algo mantendrá la misma velocidad (que podría ser cero si está en reposo).

En el caso de los marcos no inerciales (por ejemplo, aquellos que están acelerando o en rotación), los científicos han introducido el concepto de las fuerzas ficticias: la más conocida es la fuerza de Coriolis. Cuando se introducen estas fuerzas adicionales, las leyes de Newton todavía funcionan, lo que da una idea de su solidez para construir nuestra comprensión de la física, algo impresionante tratándose de conceptos con siglos de antigüedad.

# FUERZAS FICTICIAS

Un tiovivo, como el que se muestra aquí, es en realidad «un marco de referencia no inercial». Cuando nos sentamos para dar una vuelta, rotamos con él y experimentamos lo que se conoce como «fuerzas ficticias» (esa sensación de tener que agarrarnos para no caer), que parecen muy reales en ese momento. Este es solo un ejemplo de cómo las fuerzas ficticias permiten seguir aplicando las leyes de Newton a situaciones cotidianas.

# ¿Todo lo que sube...?

→ ... baja, reza el dicho. La leyenda cuenta que Newton formuló su ley de la gravitación universal cuando vio caer una manzana de un árbol. Pero algunos aspectos de esta ley han caído también.

La célebre ley de la gravitación universal de Newton establece que dos cuerpos en el espacio tiran el uno del otro con una fuerza de atracción que depende de sus respectivas masas y de la distancia entre sí. Antes de que Newton la hiciera pública en 1687, los científicos creían que la fuerza que hacía caer las cosas era un fenómeno puramente terrestre. Sin embargo, cuando Newton vio caer su famosa manzana, la Luna estaba en el cielo. Así que concluyó que la fuerza que impulsaba la manzana hacia abajo (a la que llamó gravedad) era la misma que mantenía la Luna en órbita. La mirada de Newton aunó la gravedad terrestre y la celestial.

La teoría sostiene que la fuerza de la gravedad es directamente proporcional al producto de las masas de los dos objetos e inversamente proporcional al cuadrado de la distancia entre ellos. Dicho de manera sencilla, la Tierra, que es más grande, mantiene en órbita a la Luna, que es más pequeña. Esta ley es universal y se aplica a dos (o más) masas en cualquier lugar, incluidos los agujeros negros (*véase* pág. 42) y las estrellas.

En combinación con las tres leyes del movimiento de Newton (que explican cómo los objetos que se mueven a una velocidad constante viajan en línea recta a menos que actúe otra fuerza), esta ley simplemente ilustra por qué los planetas en movimiento permanecen en la órbita solar. Newton lo demostró con un experimento mental. Desde un acantilado, una bala de cañón cae verticalmente. Disparada desde un cañón, cae en arco. Pero, si se disparara a suficiente velocidad, entraría en órbita alrededor de la Tierra, como los planetas orbitan alrededor del Sol.

El físico Henry Cavendish demostró la teoría de Newton en 1798, utilizando la atracción entre dos esferas de plomo para averiguar la gravedad específica de la Tierra, a partir de la cual se podía calcular su masa. En 1846, Urbain le Verrier predijo la existencia de Neptuno mediante la teoría newtoniana, al señalar las desviaciones en la órbita de Urano.

En 1915, la teoría de la relatividad general de Albert Einstein (*véase* pág. 40) ofreció una perspectiva actualizada sobre la gravedad. Mostró que las masas celestes de gran tamaño deforman significativamente el espacio-tiempo a su alrededor, arrastrando masas más pequeñas hacia valles creados por las distorsiones. Las variaciones sutiles en la órbita de Mercurio, no contempladas por la gravedad newtoniana, se pueden explicar con la teoría de Einstein: son una consecuencia de un planeta pequeño cercano al Sol, un objeto mucho mayor, que se ve afectado por la distorsión espacio-tiempo que se produce alrededor de la estrella.

# ACTUALIZACIÓN DE LA GRAVEDAD

Newton formuló su ley de la gravitación universal en el siglo XVII a partir de teorías anteriores, como las de Johannes Kepler, Galileo y Robert Hooke. La ley de Newton sostenía que la Luna orbita alrededor de la Tierra debido a la fuerza de atracción entre ellas. Prevaleció hasta 1915, cuando Einstein generalizó su primera teoría de la relatividad especial para incluir observadores que cambian su velocidad o aceleran. El planteamiento de Einstein de que la aceleración es gravedad significa que su teoría de la relatividad es, a su vez, una teoría de la gravedad, según la cual la masa (o la energía) deforma las cuatro dimensiones del espacio-tiempo, ofreciendo así una alternativa a la ley de la gravitación de Newton.

# ¿Por qué la termodinámica es un tema candente?

**→ La termodinámica es el estudio del calor, la energía, el trabajo y la temperatura de un determinado sistema. Si las leyes de la termodinámica variaran, ni que fuera solo un poco, viviríamos en un mundo muy diferente.**

Es muy habitual considerar que la termodinámica solo tiene que ver con la temperatura, pero en realidad es un campo mucho más amplio. Esta rama de la física comprende el estudio de la energía térmica, que es la energía cinética que se produce en los átomos y las moléculas tras un aumento de temperatura, es decir, la energía que posee un objeto debido a un movimiento interno.

Las leyes de la termodinámica quizá no sean atractivas, pero resultan esenciales para comprender cómo funcionan las cosas y cómo diseñar y construir de manera fiable. Nuestro coche, el frigorífico que tenemos en la cocina y el cohete que transporta el satélite que le dirá a nuestro teléfono inteligente dónde estamos dependen de nuestra comprensión de la termodinámica.

Existen cuatro leyes fundamentales de la termodinámica que se empezaron a desarrollar a principios del siglo XIX. La primera es una versión de la ley de la transformación de la energía, según la cual en cualquier sistema aislado la energía no puede ser creada ni destruida (aunque puede transformarse en otro tipo de energía). La segunda sostiene que si un sistema aislado no está en equilibro, la «entropía» siempre aumenta (la entropía es la medida del desorden y la aleatoriedad de un sistema). La tercera ley dice que cuando la temperatura de un sistema se acerca al cero absoluto, la entropía debe aproximarse a un valor constante.

La cuarta ley se conoce actualmente como la ley cero, lo que puede confundir ligeramente. Indica que si dos sistemas están en equilibrio térmico (es decir, tienen la misma temperatura) con un tercer sistema, también estarán en equilibrio térmico entre sí.

Estas leyes tardaron años en desarrollarse, pero son muy importantes porque la termodinámica sustenta nuestro conocimiento del universo a todas las escalas.

La comprensión de esta rama de la ciencia cambió nuestro mundo (y lo sigue haciendo). Llevó al desarrollo de los trenes de vapor y los motores internos de combustión, y hoy en día se aplica a los cohetes y a las misiones espaciales, cada vez más avanzadas. También interviene en el desarrollo de las fuentes de energía renovable (*véase* pág. 130), porque aplicar las leyes de la termodinámica ayuda a los ingenieros a aumentar la eficiencia de la energía solar o eólica para que se conviertan en alternativas útiles.

# LEYES DE LA TERMODINÁMICA

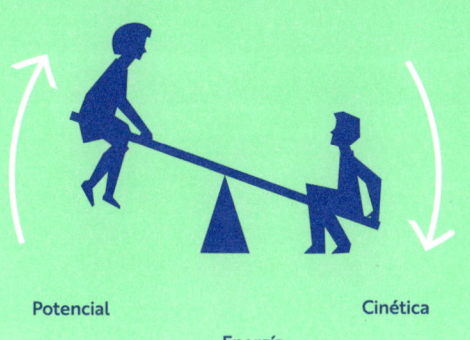

Potencial

Cinética

Energía

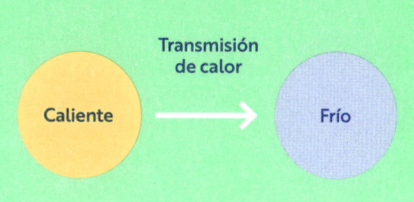

## PRIMERA LEY DE LA TERMODINÁMICA

*La energía no se crea ni se destruye, pero puede transformarse en otro tipo de energía.*

## SEGUNDA LEY DE LA TERMODINÁMICA

*Si un sistema aislado no está en equilibrio, la «entropía» siempre aumenta. Una consecuencia es que el calor de las cosas calientes se transfiere a las frías.*

Cristal perfecto a cero absoluto

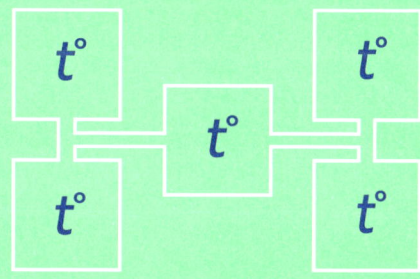

## TERCERA LEY DE LA TERMODINÁMICA

*Un cristal perfecto a una temperatura de cero absoluto (-273 °C) tiene entropía cero.*

## LEY CERO

*Si dos sistemas están en equilibrio térmico con un tercer sistema, también están en equilibrio térmico entre sí.*

# ¿Qué carga tiene el electromagnetismo?

**→ El electromagnetismo es uno de los pilares básicos de la física cotidiana. Se centra en cómo interactúan los objetos cargados eléctricamente y en cómo surgen campos magnéticos como fruto de esta interacción.**

La teoría del electromagnetismo se relaciona con muchos conceptos de la física, como las corrientes eléctricas, los campos eléctricos y magnéticos y los teoremas que los unen a todos.

Una propiedad fundamental de todos los objetos es su carga eléctrica (cada objeto tiene un campo eléctrico intrínsecamente asociado). La carga eléctrica puede ser positiva, negativa o neutra. Cuando dos objetos de carga eléctrica distinta están juntos, se sienten atraídos el uno por el otro... ¡los opuestos se atraen! Por el contrario, los objetos con carga idéntica se repelen entre sí.

En todos los casos, como las partículas cargadas empiezan a moverse, se crea otro tipo de campo: el magnético. Este campo magnético ejerce una fuerza adicional sobre las partículas cargadas, un efecto que tiene numerosas aplicaciones en la vida cotidiana.

Muchos físicos y matemáticos estudiaron estas propiedades, pero ninguno logró describir matemáticamente el electromagnetismo en su totalidad hasta mediados del siglo XIX. Fue entonces cuando un físico llamado James Clerk Maxwell agrupó las ecuaciones conocidas y las unificó coherentemente en lo que en la actualidad se conoce como las ecuaciones de Maxwell.

Para formar las ecuaciones de Maxwell se combinan cuatro ecuaciones distintas, incluidas varias fórmulas de los célebres físicos Carl Friedrich Gauss, André-Marie Ampère y Michael Faraday. Gauss contribuyó con las dos primeras fórmulas de las ecuaciones de Maxwell, primero con la descripción del comportamiento de los campos eléctricos y después con la de los campos magnéticos. La tercera ecuación de Maxwell, conocida como la ley de Faraday, describe cómo se pueden inducir corrientes eléctricas en un alambre en presencia de un campo magnético cambiante. La cuarta y última ecuación es la ley de Ampère, con un término clave añadido por Maxwell, que establece cómo se generan campos magnéticos al modificar los campos eléctricos.

Las implicaciones de las ecuaciones de Maxwell no se pueden obviar. En nuestra vida diaria utilizamos innumerables componentes tecnológicos que se sustentan en las ecuaciones de Maxwell, como los motores eléctricos, la generación de energía y la comunicación inalámbrica.

# EL ELECTROMAGNETISMO SEGÚN MAXWELL

El núcleo de la Tierra contiene corrientes conductivas fluidas de hierro fundido. Las ecuaciones de Maxwell establecen que si hay corrientes eléctricas presentes, también debe haber un campo magnético; de hecho, la Tierra está rodeada por uno, generalmente representado por una serie de líneas de contorno (véanse las líneas azules en la imagen superior). Este campo magnético resguarda nuestro planeta de la perjudicial (y potencialmente mortal) radiación procedente del espacio, sobre todo de nuestra estrella más cercana, el Sol, protegiendo así todas las formas de vida.

# ¿Qué viaja más deprisa que la velocidad de la luz?

→ **Nada. Y he aquí el porqué. La teoría de la relatividad especial de Albert Einstein dicta que ningún cuerpo material puede alcanzar la velocidad de la luz en el vacío porque, para hacerlo, tendría que ser infinitamente masivo.**

Einstein teorizó que cada observador ve los sucesos de modo distinto según su velocidad relativa. De ahí el concepto de relatividad. Llegó a esta conclusión al darse cuenta de que las leyes de la óptica son las mismas para cualquier observador, independientemente de su velocidad.

En concreto, la teoría de la relatividad especial de Einstein, publicada en 1905, postulaba que la velocidad de la luz en el vacío, 299792458 metros por segundo, es la misma para todos los observadores. No varía. Pero existen algunos enigmas. ¿Por qué es igual para todos, con independencia de su movimiento relativo o del movimiento de la fuente de luz? ¿Por qué el haz de una antorcha atada a un cohete que viaja a gran velocidad no va más deprisa que la luz? Algo extraño debe ocurrir con el espacio y el tiempo. Einstein concluyó que el movimiento de un objeto ralentiza el tiempo y que el espacio se encoge en la dirección de su movimiento.

Se demostró que tenía razón. Los relojes de los aviones marcan un tiempo algo más lento que los que están en tierra. A eso se le llama dilatación del tiempo. Otra consecuencia extraña de la relatividad especial es que la masa se puede convertir en energía y viceversa según la ecuación $E=mc^2$.

En 1915, Einstein generalizó su teoría al incluir observadores que variaban su velocidad o aceleraban. También se dio cuenta de que la aceleración es la gravedad, con lo que su teoría de la relatividad general era también una teoría de la gravedad.

La relatividad general combina las tres dimensiones espaciales con una cuarta, que es el tiempo, para crear lo que se conoce como espacio-tiempo. La teoría dice que grandes masas, como las estrellas, deforman este espacio-tiempo de cuatro dimensiones. Esto es lo que es la gravedad: espacio-tiempo deformado. Mientras que la ley de la gravitación de Newton decía que la Tierra orbita alrededor del Sol por sus fuerzas de atracción, la relatividad general sostiene que la gravedad es la consecuencia de la masa del Sol creando un valle en el espacio-tiempo que lo rodea.

Deje caer un balón medicinal sobre una sábana tensada. Esta se deformará y se creará un hundimiento alrededor del balón. Si deja caer una canica, rodará por la sábana hasta esta depresión, imitando la órbita de la Tierra alrededor del Sol. Lo que percibimos como gravedad es la geometría alterada del espacio-tiempo. Del mismo modo, un observador en la Tierra percibirá la lente gravitacional, que es la curvatura de la luz estelar a su paso por el Sol, como predijo Einstein. También previó las ondas gravitacionales causadas por cataclismos, como la colisión de los agujeros negros. Estas oleadas de espacio-tiempo ondulante viajan a la velocidad de la luz y aportan información sobre el origen del universo.

# LA DILATACIÓN DEL TIEMPO

Cuando el cosmonauta Sergei Krikalev regresó a la Tierra en 1992, después de una larga e inesperada estancia de 311 días en el espacio, era 0,02 segundos más joven de lo que hubiera sido de haberse quedado en la Tierra. Esto se debe a la velocidad a la que había estado viajando alrededor del planeta en comparación con la de todos los que nos habíamos quedado en la Tierra (sus compañeros y el resto del mundo). Se había beneficiado ligeramente de la dilatación del tiempo que defendía Einstein.

# ¿Cómo podemos detectar un agujero negro?

**→ Ahora, mucho tiempo después de que fueran descubiertos, tenemos pruebas verificables de la existencia de los agujeros negros. Pero, para detectar uno, hay que saber lo que se está buscando. Y, lo que más importante: hay que saber dónde mirar.**

Albert Einstein predijo la existencia de los agujeros negros en 1915, en su teoría de la relatividad general. Se trata de objetos tan densos y con una gravedad tan pesada que nada, ni siquiera la luz, puede escapar de ellos.

Más tarde, Subrahmanyan Chandrasekhar, nobel de Física en 1938, aplicó las florecientes teorías de la mecánica cuántica a sus estudios sobre las estrellas moribundas. Se dio cuenta de que si una estrella supera una masa determinada, la fuerza gravitacional que ejerce es tan grande que, cuando muere, se colapsa y pasa a comprimirse infinitamente. Acababa de describir lo que, más adelante, se denominarían agujeros negros.

Para comprender las fuerzas extremas involucradas, volvamos a la analogía de la sábana para explicar el espacio-tiempo (*véase* pág. 40). Imaginemos que el balón mantiene el tamaño pero incrementa su masa. Mientras eso ocurre, la sábana se irá deformando hasta que sus lados se toquen por encima del balón. Esto da una idea de lo que ocurre en el universo. El tejido distorsionado del espacio-tiempo envuelve la masa densa, desconectándola de todo. Nada puede escapar a su gravedad. Se ha convertido en un agujero negro.

En el centro del agujero negro hay un punto de densidad infinita, conocido como singularidad. Su límite se denomina horizonte de sucesos, y nada puede cruzarlo ni liberarse de él, ni siquiera la luz.

Los astrónomos creen que pueden existir cuatro tipos de agujeros negros. Los agujeros negros de masa estelar son aquellos causados por el colapso de las estrellas, tal como predijo Chandrasekhar. Los agujeros negros supermasivos, predichos por Einstein, son los que se forman en el centro de la galaxia, incluida nuestra Vía Láctea. Los más pequeños, propuestos por el cosmólogo Stephen Hawking, continúan en el marco teórico. Estos mini agujeros negros podrían haberse formado poco después del Big Bang (*véase* pág. 14) y luego evaporarse, dejando tras ellos el enigmático fenómeno de los estallidos de rayos gamma. Asimismo, podría haber una cuarta clase de agujeros negros intermedios.

Pero ¿podemos detectarlos? No exactamente, pero podemos escuchar radiofuentes o radiaciones asociadas a ellos y detectar su presencia a través de la influencia que ejercen en la materia cercana, cuando delatan su posición al arrastrar gases hacia ellos o afectan a los movimientos de las estrellas cercanas.

# DETECCIÓN DE UN HORIZONTE DE SUCESOS

¿Podemos ver un agujero negro? A pesar de su masa, son de tamaño relativamente pequeño, por lo que ni nuestros mejores telescopios autónomos los pueden ver. Sin embargo, existe el Telescopio del Horizonte de Sucesos, un observatorio virtual formado por telescopios distribuidos por todo el planeta, desde Groenlandia hasta la Antártida, que buscan fenómenos asociados con los agujeros negros. En 2019, capturó la primera imagen de un agujero negro o, más concretamente, el anillo de luz producido por la materia mientras es engullida por un agujero negro supermasivo que se encuentra en el centro de nuestra galaxia vecina, la M87. La masa de este agujero negro es 6500 millones de veces la de nuestro Sol.

# ¿Por qué es importante la materia oscura?

**→ Porque, sin ella, el universo tal como lo conocemos simplemente no tendría sentido. No podemos verla, pero sabemos que existe por el efecto que ejerce en otros objetos que podemos observar, como las estrellas y las galaxias.**

Ninguna investigación de la cosmología moderna tiene más importancia que la búsqueda de la materia oscura y de la energía oscura. A lo largo del siglo pasado, los cosmólogos se dieron cuenta de que las galaxias de estrellas visibles representan solamente una fracción de la masa del universo. El resto no lo podemos ver; ni emite ni absorbe luz. Es lo que conocemos como materia oscura.

Sabemos que está ahí porque en el movimiento de las galaxias actúa algo más grande que la simple gravedad. A medida que giran, deberían separarse, pero no lo hacen. En 1997, el telescopio espacial Hubble reveló que había luz curvándose alrededor de un cúmulo de estrellas, algo que requiere 250 veces más fuerza que la gravedad que ellas producen. La materia oscura lo mantiene todo unido, como la pasta que llena los huecos entre las pasas de un pastel.

Pero ¿de qué se trata? Abundan las teorías al respecto. Parte de su masa podría ser el tipo de materia ordinaria que encontramos en nuestro sistema solar, como objetos del tamaño de Júpiter demasiado lejanos como para poder ser observados. O quizá sean unos cuerpos denominados objetos astrofísicos masivos de halo compacto (MACHO, por sus siglas en inglés), que incluyen los agujeros negros. Otros piensan que podrían ser unas partículas creadas cuando el universo era joven: las partículas masivas débilmente interactuantes (WIMP, por sus siglas en inglés). Su búsqueda es un santo grial de la cosmología.

Pero existe un factor que lo complica todo. Mientras que la materia oscura actúa como una fuerza de atracción, que frena la expansión del universo, la energía oscura parece hacer todo lo contrario. Las galaxias distantes se alejan más rápido que las que están cerca, lo que indica que algo acelera su expansión. Esta energía oscura puede explicar más del 70 % de la masa del universo, mucho más de la que corresponde a la materia oscura. De nuevo, desconocemos su composición. Podría incluir partículas temporales que se forman y luego desaparecen. ¿O tal vez se trata de una energía dinámica conocida como «quintaesencia»? Puede que simplemente sea una propiedad del mismo espacio.

De una forma u otra, la materia oscura y la energía oscura son la clave para comprender cómo evolucionan las galaxias y ayudarnos a explicar el futuro del universo. ¿Se seguirá expandiendo, se estabilizará o colapsará?

# EL EQUILIBRIO DE LA BALANZA CELESTIAL

Cuando pensamos en una galaxia, nos imaginamos espirales de estrellas nadando en la oscuridad del espacio. Pero esta típica imagen representa solo una pequeña parte de lo que hay ahí fuera. Se requiere algo más para equilibrar la balanza cosmológica. Si el universo visible llena la parte izquierda de la balanza del dibujo de arriba, ¿qué hay a la derecha? Inicialmente, los astrónomos lo llamaron «masa perdida», pero no era un nombre apropiado. Porque nada había desaparecido, simplemente era invisible. En 1933, Fritz Zwicky señaló que había más fuerza gravitacional que mantenía unido el cúmulo de galaxias de Coma de la que podía ser percibida por la vista. Esto abrió la veda a la búsqueda de la materia oscura, que sigue en curso casi un siglo después.

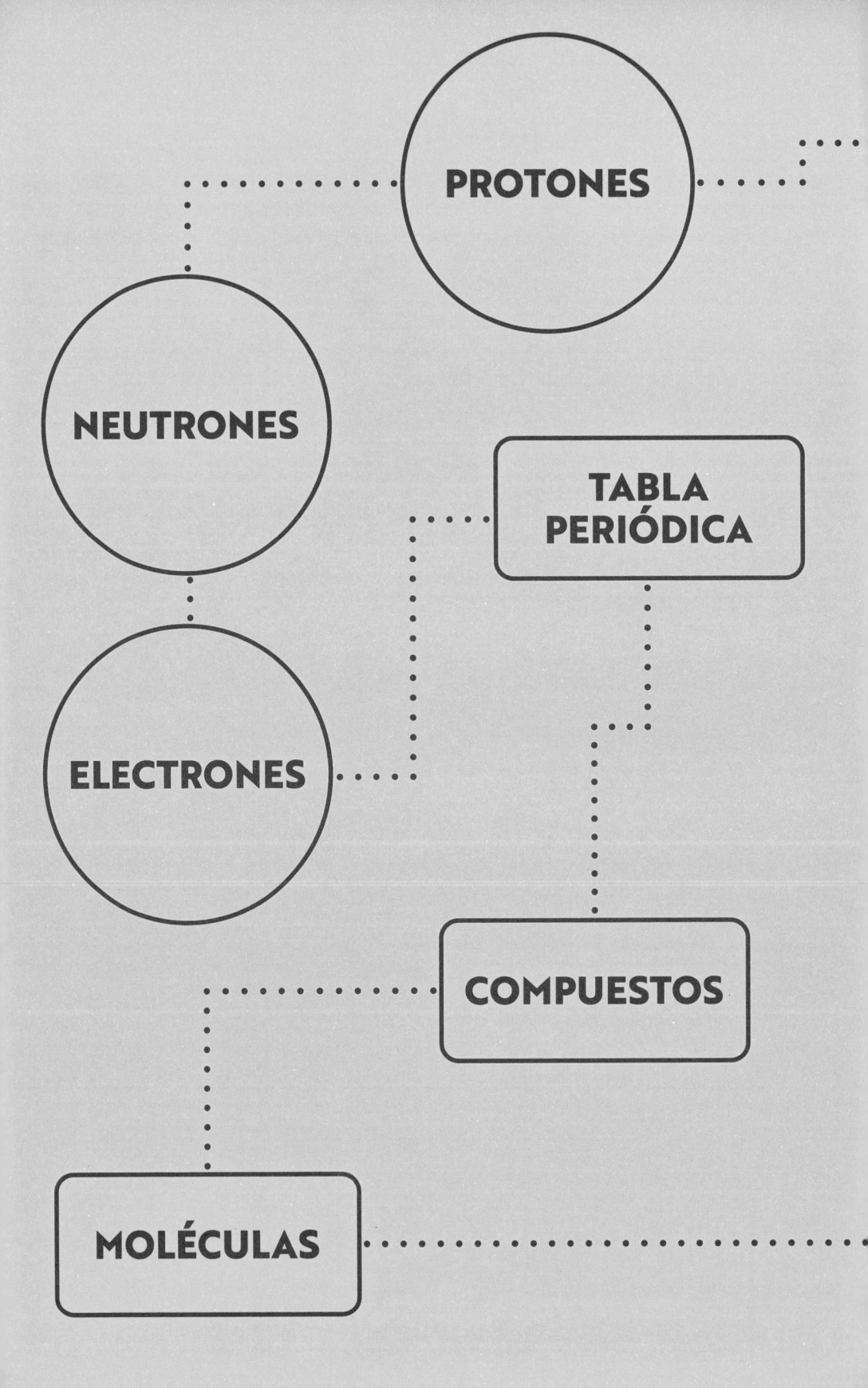

ELEMENTOS

CAPÍTULO 3

MATERIA

REACCIONES

NANOTECNOLOGÍA

QUIRALIDAD

# INTRODUCCIÓN

Los **ÁTOMOS** son la base de la materia cotidiana. El viaje científico para entender lo que son y cómo los podemos manipular ha durado más de 2000 años. El concepto se remonta al siglo v a. e. c., cuando el filósofo griego Demócrito sugirió que todo estaba construido a partir de pepitas diminutas, invisibles e indivisibles (*véase* pág. 52).

Hacia el siglo XIX, los científicos fueron familiarizándose con los átomos a medida que descubrían nuevos **ELEMENTOS**. Estos son las sustancias puras (como el hidrógeno o el oro) que las **REACCIONES QUÍMICAS** no pueden romper para convertirlas en materiales más simples. Cada elemento se compone únicamente de su propio y único tipo de átomo. Cuando los científicos aprendieron a dividir el átomo, descubrieron que cada uno de ellos tiene un núcleo de **PROTONES** y (por lo general) **NEUTRONES**, rodeado de **ELECTRONES**. El número de protones determina el elemento: los átomos de hidrógeno tienen siempre un protón, mientras que los átomos de oro siempre tienen 79.

Los químicos necesitaban organizar su creciente lista de elementos, y en 1869 **DIMITRI MENDELÉIEV** encontró una manera de agrupar los elementos por el peso de sus átomos, además de sus propiedades químicas y físicas. Se trata de la **TABLA PERIÓDICA**, que se ha convertido en un atlas detallado que ayuda a los científicos a moverse por los elementos (*véase* pág. 54). Agrupa familias de elementos que tienen una reactividad química similar y muestra cómo esa reactividad cambia de los átomos ligeros a los pesados.

Los elementos químicos a menudo se alían para forman **COMPUESTOS**. Esto implica reacciones químicas que unen los átomos entre sí por medio de **ENLACES QUÍMICOS**. Mediante su ajuste y la reorganización de los átomos, los científicos pueden obtener **MOLÉCULAS** simples extraídas del petróleo y convertirlas en poderosos medicamentos anticancerígenos, pantallas de teléfono flexibles o millones de otras sustancias (*véase* pág. 56).

Sin embargo, incluso si dos moléculas tienen átomos idénticos conectados por enlaces idénticos, a veces pueden tener propiedades muy diferentes debido a la particular disposición espacial de sus átomos. Una molécula llamada carvona, por ejemplo, tiene dos formas que son imágenes especulares una de la otra y que no se pueden superponer (igual que nuestras dos manos). A eso se le llama **QUIRALIDAD** (*véase* pág. 58). En el caso de la carvona, la consecuencia de esto es que su forma diestra huele a menta verde, mientras que su forma zurda huele a semillas de alcaravea. La **QUIRALIDAD** rige otros muchos aspectos de la biología, desde el **ADN** que lleva la información genética a nuestras células hasta los aminoácidos que fabrican todas las proteínas de nuestro cuerpo.

En la década de 1980, los científicos desarrollaron técnicas para producir imágenes sorprendentes de átomos individuales o moléculas. Esto dibujó el mapa del reino en miniatura de la **NANOTECNOLOGÍA**, que ha creado chips de ordenador más rápidos y los minúsculos puntos brillantes que iluminan las pantallas de televisión de última generación (*véase* pág. 60). También ha revelado misterios ocultos: en la nanoescala, las propiedades normales de la materia pesada se tiñen de los extraños efectos del reino cuántico.

# MAPA DE LA MATERIA

## QUÍMICA

### TABLA PERIÓDICA
Formulación gráfica icónica de los elementos químicos en la que los bloques, las filas (periodos) y las columnas (grupos) muestran las tendencias de los elementos a partir de su configuración electrónica.

### NÚMERO ATÓMICO (Z)
El número que identifica a un elemento químico, igual al número de protones que tiene en su núcleo.

### ELEMENTO
Sustancia formada solo por átomos con el mismo número de protones en su núcleo, que no puede descomponerse en sustancias simples mediante una reacción química.

### PROTÓN (P)
Partícula subatómica de carga positiva que se encuentra en el interior del núcleo del átomo, donde el número de protones presentes otorga el número atómico al elemento.

### ÁTOMO
La unidad más pequeña de la materia ordinaria, compuesta de un núcleo de carga positiva envuelto por una nube de electrones de carga negativa, unidos entre sí por la fuerza electrostática.

### NÚCLEO
Región densa del centro del átomo donde los neutrones y los protones, de carga positiva, están unidos por la fuerza nuclear.

### ELECTRÓN
Partícula subatómica cargada negativamente con una masa unas 1836 veces menor que la de un protón.

### NEUTRÓN (N)
Partícula subatómica de carga neutral que se encuentra en el núcleo del átomo.

### ISÓTOPO
Dos o más tipos de átomos con el mismo número de protones pero diferente número de neutrones son isótopos del mismo elemento.

### ION
Átomo con carga negativa o positiva debido a un desajuste en el número de electrones y protones.

## DIMITRI MENDELÉIEV

Químico ruso (1834-1907) que formuló la ley periódica y diseñó la primera tabla periódica para predecir las propiedades de elementos aún no descubiertos.

## DEMÓCRITO

Filósofo de la antigua Grecia (alrededor de 460-370 a.C.) que propuso que todo está hecho de pequeños trozos de materia llamados átomos, en lugar de combinaciones de tierra, aire, fuego y agua.

# CATALIZA-DORES

## COMPUESTO

Sustancia química formada por muchas moléculas idénticas hechas de átomos de distintos elementos unidos por un enlace químico.

## NANOTECNOLOGÍA

Tecnología a una escala extremadamente pequeña (un nanómetro es la milmillo-nésima parte de un metro).

## MOLÉCULA

Grupo de dos o más átomos, sin carga eléctrica, unidos por enlaces químicos.

## ENLACE QUÍMICO

La atracción entre átomos (los electrones negativos y los protones positivos se atraen mutuamente) que permite la formación de compuestos y que dicta la estructura de la materia.

## REACCIÓN QUÍMICA

Transformación química de una sustancia en otra, la mayoría de las veces a través de la modificación de la posición de los electrones cuando se forman y se rompen los enlaces químicos.

## QUIRALIDAD

Se produce cuando algo es «la imagen especular» de otra cosa, como nuestras manos, y no se pueden sobreponer la una a la otra de ninguna manera. En las moléculas, esto puede dar lugar a diferentes propiedades.

# ¿Cómo dividió el átomo a los científicos?

**⟶ Los filósofos y los científicos dedicaron miles de años a discutir de qué está hecho todo lo que nos rodea. El descubrimiento de que los átomos son los componentes básicos de la materia resolvió el debate y estableció uno de los fundamentos más importantes de la ciencia.**

Filósofos como Aristóteles y Platón estaban convencidos de que todo estaba compuesto por cuatro elementos (tierra, aire, fuego y agua) mezclados en diferentes proporciones. Durante siglos, la mayoría de los científicos estuvieron de acuerdo con ellos, pero había algunos rebeldes sin tapujos. En el siglo v a. e. c., por ejemplo, el filósofo griego Demócrito defendió que el mundo y todo lo que lo formaba estaba hecho de diminutas pepitas de materia llamadas átomos.

Dos milenios después, Demócrito pudo reírse el último. A principios del siglo XIX, los científicos descubrieron que, con toda probabilidad, los gases estaban hechos de partículas minúsculas. Fue entonces cuando el naturalista británico John Dalton, hijo de un tejedor, llegó a la conclusión de que esto debía ser válido para toda la materia. Dalton sugirió que existen muchos tipos distintos de átomos, cada uno con propiedades concretas. Cuando muchos átomos de un solo tipo se unen, forman un elemento puro (como el oro o el azufre) que no se puede descomponer en materiales más simples por reacciones químicas. Cuando diferentes tipos de átomos se combinan forman compuestos, como el agua o la sal de mesa.

Dalton tenía toda la razón. Ahora sabemos que existen 94 tipos diferentes de átomos que se forman de manera natural y que cada uno de ellos es el componente básico de un elemento único (*véase* pág. 54). Los átomos son tan pequeños que en el punto final de esta frase caben billones de ellos. Pueden permanecer juntos, como las piezas de un LEGO®, en una increíble variedad de combinaciones, formando estructuras llamadas moléculas.

Los científicos tardaron otros 100 años más o menos en descubrir que los átomos se componen a su vez de partículas más pequeñas. En el centro de cada átomo hay un núcleo que contiene protones de carga positiva y neutrones de carga neutra, rodeados de suficientes electrones de carga negativa como para equilibrar la carga de protones. La única excepción es el hidrógeno, el elemento más ligero, cuyo átomo contiene solo un protón y un electrón. La cantidad de protones (el número atómico) determina la identidad del elemento; por ejemplo, si hay 79 protones, el átomo es siempre oro.

# DENTRO DEL ÁTOMO

Todos los núcleos de carbono cuentan con seis protones. La mayoría de ellos tienen seis neutrones, pero unos cuantos tienen siete o incluso ocho. Estas variantes de los elementos, llamadas isótopos (véase pág. 18), se denominan según su suma total de protones y neutrones. Algunos, como el carbono-14, son radiactivos (su núcleo inestable se divide espontáneamente para liberar radiación). Cuando los científicos aprendieron a desencadenar esta ruptura en un isótopo de uranio, se inició la era de la energía nuclear y de las bombas atómicas. Anteriormente, el átomo había dividido a los científicos; ahora, los científicos dividían el átomo.

## CARBONO-12

- Seis protones
- Seis neutrones
- Seis electrones

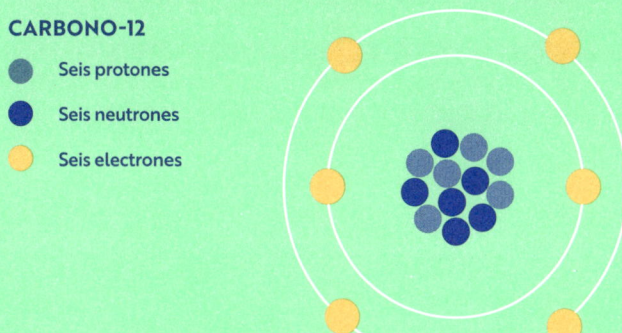

## CARBONO-13

- Seis protones
- Siete neutrones
- Seis electrones

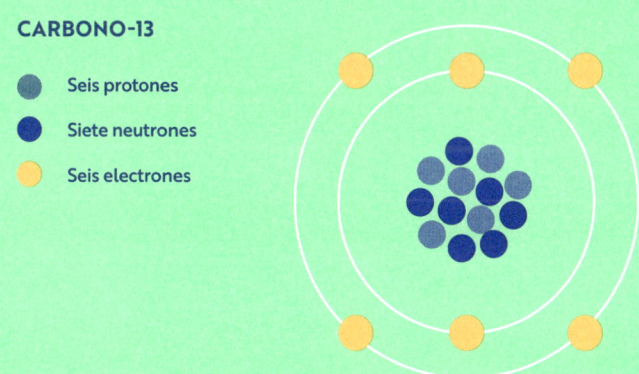

## CARBONO-14

- Seis protones
- Ocho neutrones
- Seis electrones

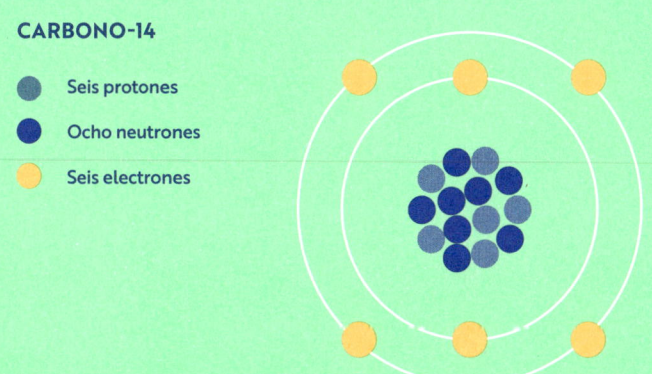

# ¿La tabla periódica puede predecir el futuro?

→ ¡Sí! Esta tabla organiza los elementos químicos en filas y columnas. Las primeras versiones dejaban espacios para elementos aún no descubiertos, proporcionando a los científicos una hoja de ruta para encontrar los materiales que faltaban.

Tan pronto como los científicos se dieron cuenta de que cada elemento químico se compone de sus propios átomos distintivos (*véase* pág. 52), comenzaron a organizar los elementos según el peso de esos átomos. Al hidrógeno, el elemento más ligero, se le asignó un peso atómico de uno y a los átomos de carbono, por ejemplo, un peso atómico de doce.

En 1869, la lista había crecido hasta abarcar más de 60 elementos. En marzo de aquel año, el químico ruso Dimitri Mendeléiev propuso una manera novedosa de organizar los componentes que conforman el universo a partir de las conexiones mutuas de los átomos.

Cuando los distintos átomos se unen para formar compuestos, se comportan como si tuvieran ganchos para captar socios en una danza atómica (*véase* pág. 56). Por ejemplo, el hidrógeno solo tiene un gancho, mientras que el oxígeno tiene dos, por lo que el agua contiene dos átomos de hidrógeno por cada átomo de oxígeno (su fórmula química es $H_2O$). El número de conexiones que puede hacer un átomo es su valencia. Mendeléiev se dio cuenta de que cuando ordenaba algunos elementos por su peso atómico, las valencias de estos átomos crecían y disminuían en un patrón periódico. Así que organizó la lista en filas, una debajo de la otra, con todos los átomos que tienen la misma valencia y propiedades químicas similares en una misma columna. Cuando no había un elemento adecuado para un lugar en particular, dejaba un espacio en blanco y sostenía que sería ocupado por un elemento que todavía estaba por descubrir.

Esto proporcionó a los químicos un atlas de elementos con un nivel predictivo enorme. Dio pistas sobre qué elementos son propensos a reaccionar entre ellos y ofreció una guía para encontrar los nuevos, ya que la posición de los huecos revelaba qué compuestos debían contener los elementos que faltaban. El galio, por ejemplo, se descubrió unos años después. Sus propiedades eran una combinación perfecta de las que se esperaban en el vacío dejado en la tabla para ese nuevo elemento.

Desde entonces, la tabla periódica se ha redibujado muchas veces, a medida que los científicos han ido encontrando mejores maneras de encajar los elementos. Ahora se ordenan por el número atómico y no por su peso atómico, pero todavía se basan en el concepto original de Mendeléiev.

# UN MAPA EN CRECIMIENTO

Con los años, la tabla periódica relativamente simple de Mendeléiev se ha convertido en un mapa detallado de los elementos. Algunos científicos la han rediseñado dándole forma de espirales, flores y cintas (aunque todavía no de barba). La tabla estándar ahora incluye elementos artificiales superpesados creados en enormes máquinas destructoras de átomos. El elemento 106, el seaborgio, debe su nombre al químico estadounidense Glenn Seaborg, que ayudó a descubrir diez de los elementos más pesados.

# ¿Hay agentes secretos en los enlaces químicos?

**→ Sin duda alguna. En el espacio que rodea el átomo hay diminutas partículas con carga que se agitan y se remueven para crear una especie de pegamento que mantiene unida la materia. Os presentamos al James Bond de los enlaces químicos: el electrón.**

Los electrones son algo increíble. Estos puntos de carga negativa casi infinitesimalmente pequeños circulan por los cables eléctricos de nuestras casas con el objetivo de alimentar todos nuestros electrodomésticos. No obstante, los electrones son mucho más que meros transmisores de electricidad. Sin ellos, el mundo tal como lo conocemos simplemente se vendría abajo.

Los átomos contienen un núcleo positivo rodeado de electrones negativos (*véase* pág. 52). Una manera de imaginar los electrones es como si orbitaran alrededor del núcleo igual que hacen los planetas alrededor del Sol, algunos más cerca que otros. Estas capas contienen una cantidad distinta de electrones (la primera tiene hasta dos electrones, la segunda ocho, la tercera dieciocho, y así sucesivamente). Es esta estructura subyacente la que determina la forma desigual de la tabla periódica (*véase* pág. 54).

Los electrones más externos de un átomo son, en gran parte, responsables de su química: determinan el número de ganchos que tiene un átomo para enlazarse a otros. En gran medida, la química estudia cómo se mueven estas nubes de electrones y cómo crean nuevos enlaces entre ellos.

A veces, un átomo transfiere uno o más de sus electrones a otro átomo, dejando al donante con carga positiva y al destinatario con carga negativa. Estos átomos cargados se llaman iones, y la atracción entre sus cargas opuestas es un enlace iónico. Los enlaces ayudan a los iones a acumularse formando patrones tridimensionales repetidos, como la fruta en el puesto de un verdulero, para crear cristales como el cloruro de sodio (más conocido como la sal común).

En 1916, el químico estadounidense Gilbert Lewis se dio cuenta de que algunos átomos no son tan generosos y prefieren compartir sus electrones en lugar de regalarlos. Cuando un par de electrones compartidos ocupan el espacio entre dos átomos pueden formar un enlace covalente. Estos enlaces unen los átomos de muchas moléculas con base de carbono, desde la gasolina para el coche hasta el ADN de las células, y garantizan también que los diamantes sean eternos (bueno, casi).

Los electrones pueden crear todo tipo de enlaces, lo que demuestra que son los agentes secretos de la química.

# ENLACE IÓNICO DEL CLORURO DE SODIO

**ÁTOMO DE CLORO**
Cl = 2, 8, 7

**ÁTOMO DE SODIO**
Na = 2, 8, 1

Los compuestos iónicos se crean cuando los átomos intercambian electrones para generar iones cargados que se adhieren formando grandes redes cristalinas. Por ejemplo, para hacer sal de mesa, un átomo de sodio regala un electrón al cloro, llenando un vacío de su anillo de electrones más externo. (El total de electrones de cada anillo, o «capa», se escribe por convención como una serie de números.) Dibujar electrones como si fueran balas disparadas con la Walther PPK, la pistola de James Bond, ayuda a entender cómo se mueven. No obstante, la mecánica cuántica (véase pág. 68) ha revelado que los electrones que rodean los átomos parecen más bien nubes y que las partes más gruesas de la nube indican dónde es probable encontrar un electrón.

# ¿La quiralidad es solo un juego de manos?

**→ Podría parecer un truco de magia, pero la quiralidad revela cómo algunas moléculas que parecen ser idénticas son en realidad imágenes especulares unas de otras. Muchas moléculas de nuestro cuerpo son quirales, por lo que los medicamentos a menudo deben ser quirales también.**

Eche un vistazo a sus manos. Se parecen bastante: ambas tienen cuatro dedos y un pulgar conectado a la palma. No obstante, son claramente diferentes, ya que cada una es una imagen especular de la otra.

Muchas moléculas tienen esta misma propiedad, conocida como quiralidad. Un par de moléculas quirales tienen los mismos átomos, conectados por los mismos enlaces, pero la disposición espacial de sus átomos las convierte en imágenes especulares.

No se trata de ninguna peculiaridad esotérica del mundo molecular. Las moléculas de ADN que almacenan la información genética en las células tienen una forma parecida a una hélice que se retuerce hacia la derecha, mientras que las proteínas que forman la piel, los músculos y el pelo están hechas casi exclusivamente de aminoácidos zurdos. Nadie sabe por qué la vida terminó eligiendo estas particulares formas quirales, pero es algo que tiene implicaciones profundas.

Muchos medicamentos funcionan uniéndose a las proteínas, por lo que a menudo se dispensan en solo una de sus dos formas quirales. Una puede ser menos eficaz que la otra, o incluso tener efectos secundarios adversos, debido a las diferentes formas en las que dos moléculas quirales pueden pegarse. Por ejemplo, el ibuprofeno zurdo es un analgésico eficaz, mientras que el ibuprofeno diestro no lo es.

El físico francés Jean-Baptiste Biot captó el primer atisbo de quiralidad en 1815, cuando descubrió que algunas sustancias podían desviar un haz de luz polarizada en el sentido de las agujas del reloj o en el contrario. En 1848, el químico francés Louis Pasteur logró separar los cristales zurdos y diestros del ácido tartárico, y demostró que desviaban la luz en direcciones opuestas dependiendo de la disposición de sus moléculas.

Pasteur apuntó que se podría crear una forma de vida especular utilizando las formas especulares «opuestas» de las moléculas biológicas. En la actualidad, los científicos están intentando hacer realidad la idea de Pasteur, construyendo laboriosamente versiones especulares del ADN, de las proteínas y de la maquinaria bioquímica que mueve estas moléculas. Las proteínas especulares también se están probando como medicamentos; se pueden programar para atacar objetivos específicos, como células cancerosas, pero su quiralidad singular implica que los habituales sistemas de defensa de nuestro cuerpo no las pueden descomponer.

# MOLÉCULAS
# A MANO

El compuesto carvona es quiral: puede
darse en dos formas especulares. La carvona zurda huele a semillas de alcaravea,
mientras que la carvona diestra huele a
menta. Los científicos tratan de averiguar
por qué ocurre esto, ya que las dos formas quirales de otras moléculas no tienen
siempre un olor distinto, lo que indica que
nuestro sentido del olfato no es inherente-
mente quiral.

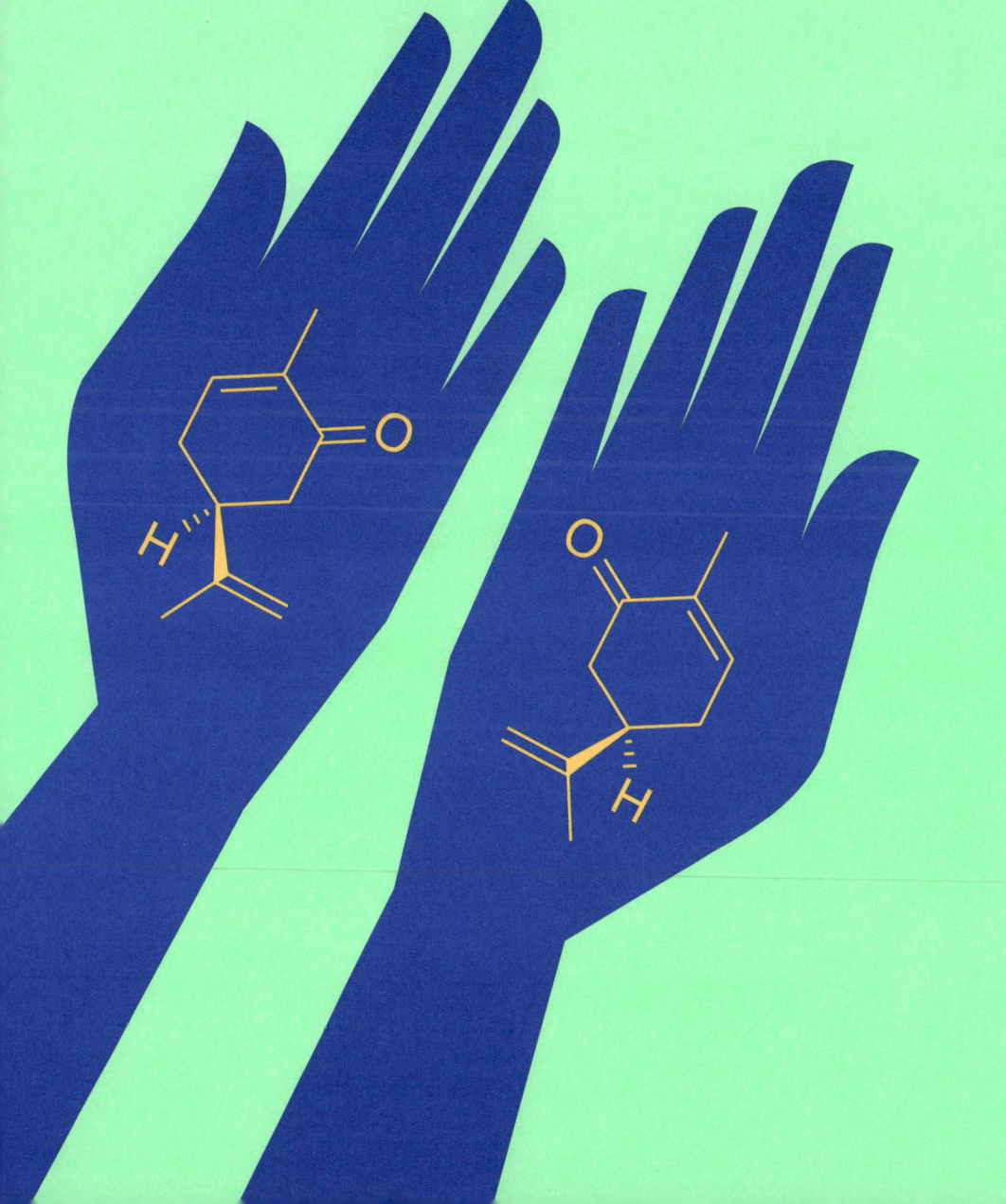

# ¿Cómo navegamos por la nanoescala?

→ **Con un mapa muy pequeño, claro. La nanoescala se mide en milmillonésimas de metro, pero los científicos pueden abrirse camino a través de este paisaje liliputiense con instrumentos capaces de detectar y manipular átomos individuales.**

La nanotecnología es la ciencia de lo extremadamente pequeño. Los exploradores de este microcosmos miden sus viajes en nanómetros, milmillonésimas partes de un metro (la longitud de tres átomos de oro puestos en fila). Si midiéramos un nanómetro de altura, un solo coronavirus SARS-CoV-2 nos parecería tan grande como una catedral. Y, aunque a esta escala la ciencia puede ser pequeña, su impacto en nuestras vidas es enorme.

El nanomundo empezó a hacerse visible en la década de 1980, cuando los científicos de IBM comenzaron a desarrollar nuevos y poderosos microscopios. El microscopio de efecto túnel lleva una punta muy afilada que se mantiene justo encima de una superficie, lo suficientemente cerca como para que los electrones salten a través de la brecha que se crea. A medida que la punta se mueve, los cambios en la corriente de los electrones pueden convertirse en imágenes de átomos y moléculas en la superficie. Por otro lado, el microscopio de fuerza atómica produce imágenes similares con una punta afilada que detecta directamente la textura de la superficie, de manera parecida a la aguja de un tocadiscos que sube y baja por los surcos de un disco de vinilo.

Estos instrumentos han ayudado a los científicos a desarrollar y estudiar un gran abanico de nanomateriales. Piense en los catalizadores, las sustancias que aceleran las reacciones químicas. Los especialistas pueden aumentar la actividad de los catalizadores descomponiéndolos en nanopartículas de solo unas cuantas docenas de átomos. Este tipo de catalizadores de nanopartículas ayuda a producir moléculas que se usan para fabricar plásticos y medicamentos.

Los puntos cuánticos son un tipo de nanopartículas hechas de materiales semiconductores que se utilizan hoy en día para iluminar las pantallas de los televisores. Ajustando el tamaño y la composición de estos puntos, producen diferentes colores cuando se iluminan con una luz de fondo azul.

La nanotecnología también ayuda a reducir al máximo el tamaño de los componentes electrónicos y a concentrar todavía más la potencia informática de los chips de silicio. En 1970, el núcleo de un chip de un dispositivo electrónico era de unos 1000 nanómetros de ancho. Gracias a técnicas como la nanolitografía, que utiliza luz ultravioleta como un bisturí para cortar materiales en formas extraordinariamente pequeñas, hoy estos componentes miden solo cinco nanómetros de ancho.

# LA CONSTRUCCIÓN EN EL NANOMUNDO

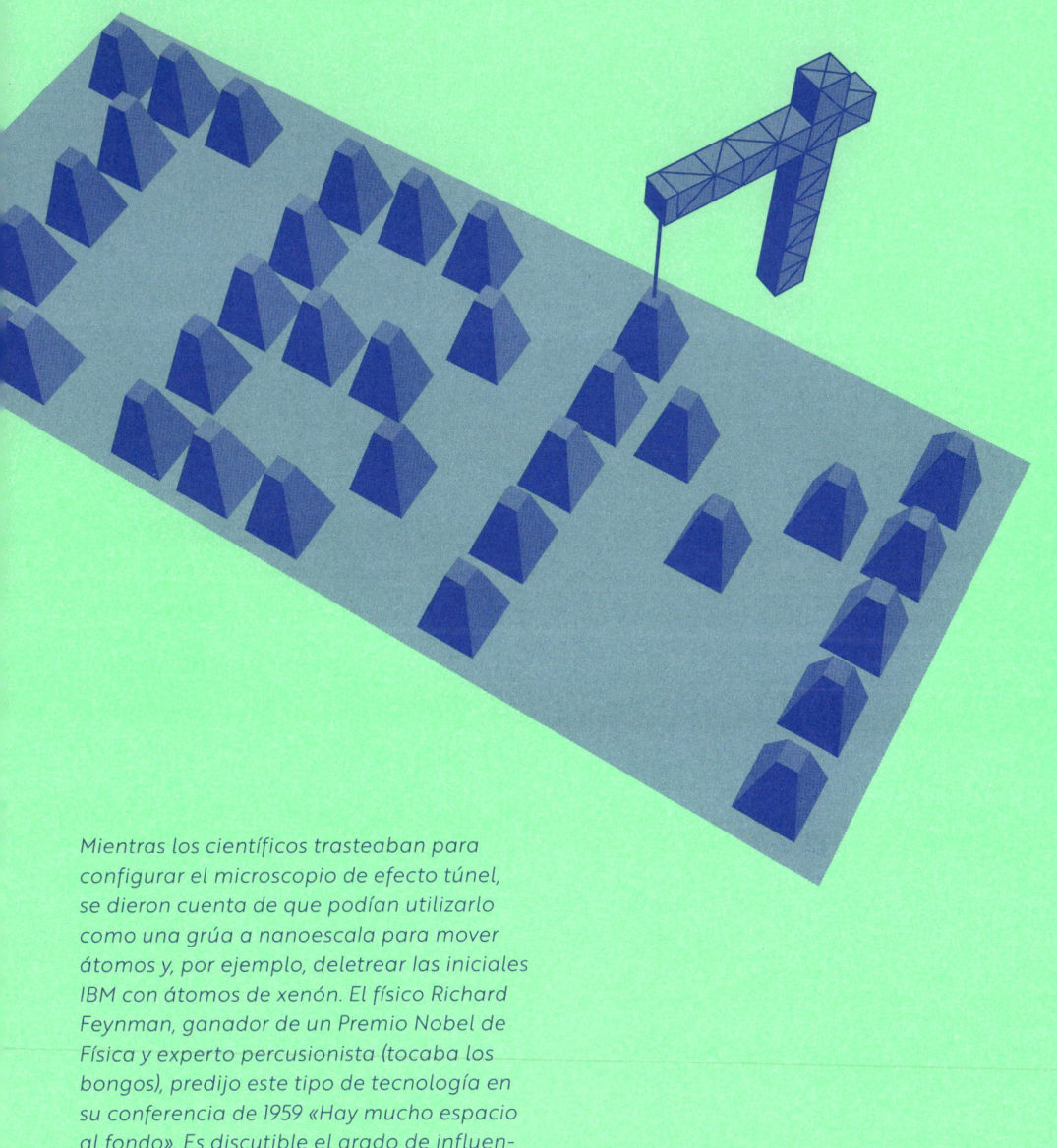

Mientras los científicos trasteaban para configurar el microscopio de efecto túnel, se dieron cuenta de que podían utilizarlo como una grúa a nanoescala para mover átomos y, por ejemplo, deletrear las iniciales IBM con átomos de xenón. El físico Richard Feynman, ganador de un Premio Nobel de Física y experto percusionista (tocaba los bongos), predijo este tipo de tecnología en su conferencia de 1959 «Hay mucho espacio al fondo». Es discutible el grado de influencia que tuvo esta conferencia en los albores de la nanotecnología, pero muchas de sus propuestas se acabaron haciendo realidad.

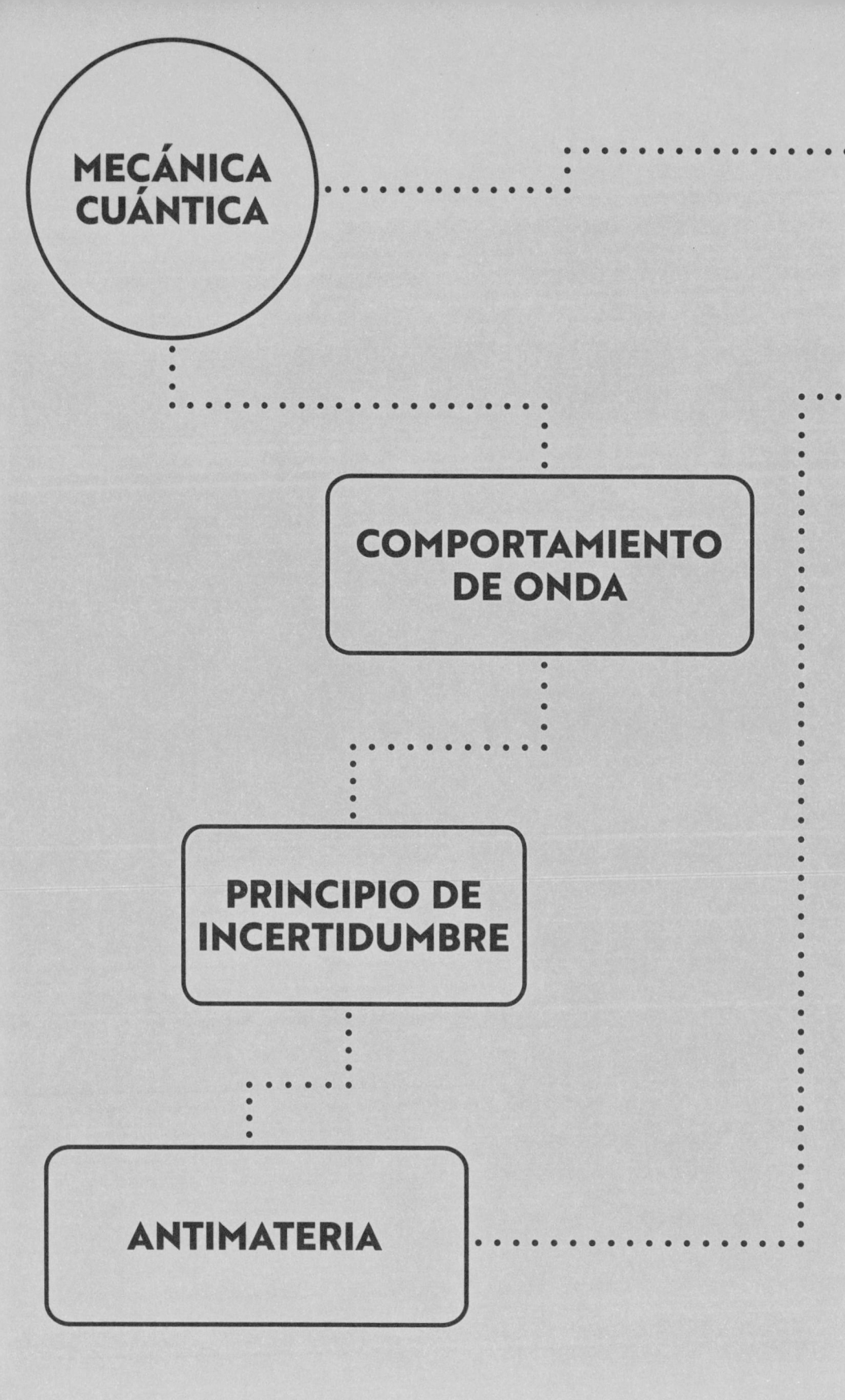

MECÁNICA CUÁNTICA

COMPORTAMIENTO DE ONDA

PRINCIPIO DE INCERTIDUMBRE

ANTIMATERIA

# CAPÍTULO 4

# FUNDAMENTOS

## MODELO ESTÁNDAR

## PARTÍCULAS SUBATÓMICAS

## NEUTRINOS

# INTRODUCCIÓN

**E**n los dos capítulos anteriores, hemos hablado de la energía y las fuerzas que impulsan el cambio en el universo y de la materia de la que se compone el mundo cotidiano. No obstante, algunos de los avances más importantes del siglo xx en el campo de la física provienen de bucear bajo la piel de la realidad y entrar en el extraño reino de la mecánica cuántica y las partículas subatómicas.

La **MECÁNICA CUÁNTIC**A describe la interacción a escala subatómica de la materia y la energía. Una de las grandes ideas de la mecánica cuántica es que la energía no se mide como un trozo de cuerda, que puede tener la longitud que deseemos, sino en fragmentos específicos que el físico Max Planck llamó «cuantos» (*véase* pág. 68). Todo ello provocó una serie de descubrimientos que ayudaron a construir la física cuántica moderna.

Científicos del siglo xix habían demostrado, por ejemplo, que la luz estaba hecha de ondas que podían difractarse e interferir, como las olas en un estanque. Pero Albert Einstein, entre otros, descubrió que la luz también puede comportarse como si fuera una corriente de partículas llamadas **FOTONES**, y que cosas tradicionalmente consideradas partículas, como los electrones, pueden actuar como ondas. Este comportamiento camaleónico se conoce como **DUALIDAD ONDA-PARTÍCULA** (*véase* pág. 70).

La naturaleza ondulante de las partículas conduce a una ambigüedad subyacente sobre el mundo subatómico. El **PRINCIPIO DE INCERTIDUMBRE** sostiene que es imposible conocer al mismo tiempo la ubicación precisa y el momento lineal de una partícula. Cuanto más precisa es una de estas propiedades, más borrosa se vuelve inevitablemente la otra (*véase* pág. 72).

Mientras tanto, la mecánica cuántica también predijo con acierto la existencia de partículas de **ANTIMATERIA** como el **POSITRÓN**, que tiene exactamente la misma masa que un electrón pero con una carga opuesta (*véase* pág. 74).

Todas las partículas fundamentales descubiertas por los físicos forman parte de un gran marco teórico conocido como el **MODELO ESTÁNDAR** (*véase* pág. 76). En esta jaula de fieras, algunas partículas componen la materia que nos rodea, mientras que otras son las responsables de transportar fuerzas fundamentales como el electromagnetismo. Una de los portadores de fuerza es el **BOSÓN DE HIGGS**, predicho durante mucho tiempo por el modelo estándar y finalmente descubierto en 2012 (*véase* pág. 80). El bosón de Higgs es una manifestación de un campo que da su masa a otras partículas, lo que también explica por qué los fotones de luz no tienen masa en absoluto.

Sin embargo, el modelo estándar presenta aún algunas lagunas. Una de las piezas que no encajan son los **NEUTRINOS**, que se producen en algunos procesos de desintegración radiactiva y no se comportan como predice el modelo (*véase* pág. 78). Otra cuestión es que el modelo no contempla la gravedad, por lo que los científicos están buscando nuevas teorías sobre la «gravedad cuántica» para solucionarlo. Después de más de un siglo explorando el mundo cuántico, parece que los cimientos de la realidad son todavía más profundos.

# MAPA DE LOS FUNDAMENTOS

## PARTÍCULAS

### FOTÓN

Partícula elemental del grupo de los bosones que, como carece de masa, se mueve siempre a la velocidad de la luz en el vacío.

### DETECTOR DE PARTÍCULAS

Dispositivo para detectar partículas, sus atributos y sus interacciones. Suelen ser muy grandes y se construyen bajo tierra para protegerlos de las fuentes de radiación.

### BOSÓN

Uno de los dos tipos fundamentales de partículas subatómicas, junto con los fermiones. Los bosones incluyen los gluones, el bosón de Higgs y los mesones.

### BOSÓN DE HIGGS

Partícula elemental del modelo estándar, producida por la excitación cuántica del campo de Higgs, que genera masa para bosones sin masa al interactuar con ellos.

### MODELO ESTÁNDAR

Marco para la comprensión fundamental de la física que clasifica las partículas elementales conocidas y tres de las cuatro fuerzas fundamentales (fuerza nuclear fuerte, fuerza nuclear débil y electromagnetismo).

### PARTÍCULA FUNDAMENTAL

En la física de partículas, las partículas fundamentales o elementales son excitaciones de los campos cuánticos. Incluyen los fotones, los neutrinos y los bosones.

### FERMIÓN

Uno de los dos tipos fundamentales de partículas subatómicas, junto con los bosones. Los fermiones incluyen los quarks, los leptones y los bariones.

### POSITRÓN

Partícula idéntica a un electrón, pero con carga positiva. La antipartícula de un electrón.

### NEUTRINO

Partícula fundamental de masa diminuta y sin carga eléctrica. Hay tres tipos ligeramente distintos: el electrónico, el muónico y tauónico.

### TOMOGRAFÍA POR EMISIÓN DE POSITRONES (PET)

Técnica de diagnóstico por imagen en la que se inyectan al paciente isótopos radiactivos para producir positrones que emiten rayos gamma al aniquilarse con los electrones.

# CUANTOS

## EXPERIMENTO DE LA DOBLE RENDIJA

Experimento para demostrar la dualidad onda-partícula que se lleva a cabo iluminando dos rendijas paralelas en una superficie plana y observando los patrones resultantes.

## DUALIDAD ONDA-PARTÍCULA

Cuando las partículas parecen comportarse como ondas y partículas a la vez, un concepto clave de la mecánica cuántica.

## MECÁNICA CUÁNTICA

Rama de la física que describe los átomos y las partículas subatómicas y su forma de moverse e interactuar.

## PRINCIPIO DE INCERTIDUMBRE

Publicado en 1927 por Werner Heisenberg, establece que es imposible medir con precisión la posición y el momento lineal de una partícula simultáneamente.

## ENTRELAZAMIENTO

Cuando dos partículas permanecen unidas, sin importar lo lejos que estén, y comparten un estado común y unificado.

## GATO DE SCHRÖDINGER

Experimento psicológico que ilustra una paradoja de superposición cuántica, basado en la imposibilidad de saber si un gato de dentro de una caja está vivo o muerto si su destino depende de un acontecimiento subatómico aleatorio.

## ANTIMATERIA

Hermana gemela de la materia ordinaria con carga opuesta. Las antipartículas tienen la misma masa, pero carga opuesta, por ejemplo, un positrón es un electrón cargado positivamente.

## PAUL DIRAC

Físico inglés (1902-1984) que juntó la mecánica cuántica con la relatividad especial en la ecuación de Dirac y predijo la existencia de antipartículas.

# ¿Quién puso el cuanto en la mecánica cuántica?

**→ Las ecuaciones de Isaac Newton describen bien el movimiento de los objetos que vemos y con los que interactuamos en nuestra vida cotidiana. Pero las diminutas partículas subatómicas se rigen por las leyes de la mecánica cuántica y se comportan de una manera totalmente distinta.**

La mecánica cuántica describe cómo se mueven e interactúan las partículas subatómicas, incluidos los comportamientos no intuitivos y peculiares. Los orígenes de la mecánica cuántica se remontan a principios del siglo XX, cuando el físico alemán Max Planck estudiaba la física básica que se encuentra detrás de la materia incandescente. Planck determinó que la energía está cuantizada, lo que significa que viene en paquetes separados, no a modo de flujo continuo. Esta observación, aunque aparentemente simple, tuvo implicaciones profundas. El trabajo innovador de Planck lo hizo merecedor del Premio Nobel en 1918 y sentó las bases del nacimiento de la mecánica cuántica.

Si, como demostró Planck, la energía se cuantiza, la interacción entre la energía y las partículas también debe ser cuantizada. Así lo mostró por primera vez al mundo el físico más famoso de la historia, Albert Einstein. Si la luz brilla sobre un metal, la energía de la luz se transfiere a los electrones del interior del metal. Si los paquetes de luz llevan suficiente energía, los electrones chocan contra sus áto-mos y se expulsan del metal. Si los paquetes de luz no llevan suficiente energía, no se emiten electrones y no importa la cantidad de paquetes de luz que caigan sobre el metal. Este fenómeno se conoce como el efecto fotoeléctrico y le proporcionó a Einstein el Premio Nobel en 1921.

El trabajo de Einstein y Planck lideraría el camino de incontables ramas más de la mecánica cuántica. Estos campos incluyen los conceptos de la dualidad onda-partícula (*véase* pág. 70), el entrelazamiento cuántico y el muy citado principio de incertidumbre de Heisenberg (*véase* pág. 72). Físicos famosos como Richard Feynman y Paul Dirac también se sumarían al campo de la mecánica cuántica, en constante expansión, con contribuciones como la electrodinámica cuántica y la teoría cuántica de campos, que describen las interacciones entre las partículas cuánticas.

El campo de la mecánica cuántica sigue creciendo, y en la actualidad se aplica a la tecnología que usamos en nuestra vida cotidiana y que un día incluirá la computación cuántica (*véase* pág. 154), algo que seguramente habría encantado a Planck y a Einstein.

# EL EFECTO FOTOELÉCTRICO

Una analogía simple para entender el efecto fotoeléctrico es pensar en el juego de «tiro al coco». En esta analogía, las partículas de luz (los fotones, representados arriba por bolas amarillas) golpean una hoja de metal (representada por el coco). Aquí, las bolas más grandes representan los fotones con energías más altas. Solo las bolas pesadas podrán hacer caer el coco, porque son las que tienen más energía. De manera similar, solo los fotones con más carga energética expulsarán un electrón de un metal.

# ¿Cuándo una partícula es también una onda?

**→ Los electrones son algunas de las partículas más pequeñas que conocemos. No obstante, aunque los consideremos partículas, también pueden presentar el comportamiento propio de una onda, como los científicos han observado en experimentos que se iniciaron hace más de 200 años.**

Las cosas que vemos en nuestra vida cotidiana se pueden describir como ondas (por ejemplo, las que se propagan en un estanque) o partículas (como cuando un niño chuta una pelota de fútbol en el parque con sus amigos).

A escala microscópica, las partículas muy pequeñas (los electrones, los protones y los fotones) presentan comportamientos que asociamos a la vez a las ondas y las partículas, lo que conlleva efectos extraños (y útiles). Esto se conoce comúnmente como dualidad onda-partícula, un concepto clave en el campo de la mecánica cuántica (*véase* pág. 68).

Imaginemos que ilumina con una linterna una pantalla que tiene dos rendijas estrechas. Si coloca otra pantalla detrás de la primera y observa el patrón de luz que incide sobre ella después de pasar a través de las rendijas, ¿qué cree que verá? Podría pensar que serán dos bandas estrechas, pero, en lugar de ello, lo que verá son múltiples bandas de luz. La razón es que las partículas de luz (los fotones) están actuando como ondas e interfiriendo entre sí. Igual que las ondas de un estanque se mezclan y se combinan, los fotones que pasan a través de las rendijas de la pantalla hacen lo mismo, lo que crea muchas bandas brillantes en la segunda pantalla debido a esta interferencia.

A lo largo de la historia, muchos físicos y matemáticos célebres han postulado teorías que se acercaban a la dualidad onda-partícula, incluidos Albert Einstein con el efecto fotoeléctrico y el ideólogo Thomas Young con su experimento de la doble rendija. En la década de 1920, otro físico llamado Louis de Broglie describió matemáticamente la naturaleza ondulatoria de las partículas, en especial del electrón. En su tesis doctoral, expuso formalmente la ecuación de onda de Broglie, que describía cómo el electrón presentaba propiedades ondulatorias. Hoy en día, su teoría es la base de muchos instrumentos experimentales muy útiles, como el microscopio electrónico de barrido. Esta tecnología se basa en la naturaleza ondulatoria del electrón, tal como describe la dualidad onda-partícula, y permite obtener imágenes de objetos muy pequeños (*véase* pág. 60).

# INTERFERENCIA CON LA DUALIDAD ONDA-PARTÍCULA

Cuando un haz de luz pasa a través de dos rendijas de una pantalla, instintivamente esperaríamos ver solo dos líneas brillantes en una pantalla colocada detrás. Sin embargo, como las partículas de luz presentan propiedades ondulatorias, los dos haces de luz interfieren mutuamente muchas veces, creando como resultado múltiples bandas iluminadas y oscuras en la segunda pantalla.

# ¿Qué hay de cierto en el principio de incertidumbre?

**⟶ El principio de incertidumbre establece que la posición y la velocidad exactas de las partículas subatómicas no pueden medirse simultáneamente.**

Enunciado por el físico teórico alemán Werner Heisenberg en 1927, el principio de incertidumbre es objeto de bromas y juegos de palabras, pero, en realidad, es un principio hermoso por su simplicidad. Puede describirse con una sola ecuación, que indica que el comportamiento de las partículas subatómicas (cuánticas) es difícil de predecir con precisión porque tiene un alto nivel de incertidumbre, de ahí su nombre.

El principio de incertidumbre establece que no podemos medir ni la posición ni el momento lineal de una partícula con absoluta precisión. En otras palabras, cuanto más nos acercamos a una de estas cantidades, menos sabemos de la otra. Esto supone un gran contraste con nuestra visión del mundo a gran escala, descrita por la física clásica, donde no existen limitaciones para las mediciones simultáneas. Las implicaciones y consecuencias del principio de incertidumbre son profundas y de largo alcance.

Sin embargo, este principio fue cuestionado en la década de 1990 por un grupo de físicos. Estos científicos realizaron el famoso experimento de la doble rendija (*véase* pág. 70) y demostraron que tanto la posición como la velocidad de una partícula se pueden medir con alta precisión.

Más recientemente, otros científicos han estado probando este principio de maneras nuevas. En una de ellas, tomaron muchas medidas pequeñas (para interactuar con el experimento lo menos posible) y las juntaron. Al reunir estos valores separados, descubrieron que sus mediciones eran más precisas que las que habría indicado el principio de incertidumbre.

A pesar de ello, cabe hacer una distinción importante. Aunque no sea el proceso de medición de valores el que introduce la incertidumbre, todavía no es posible medir diferentes estados cuánticos simultáneamente. Por tanto, de momento, el principio de incertidumbre aún parece ser cierto.

# EL GATO CUÁNTICO DE SCHRÖDINGER

Es fácil comprender por qué el gato de Schrödinger suele asociarse al principio de incertidumbre. Originalmente, era un experimento teórico pensado para ilustrar una de las paradojas de la mecánica cuántica. Ideado en 1935, describe un gato metido en una caja con un elemento radiactivo. El elemento puede deteriorarse con el tiempo (cuando lo hace, libera una radiación letal que mata al animal). La mecánica cuántica afirma que no se puede conocer con certeza el estado del gato. Hay cierta probabilidad de que esté muerto y alguna probabilidad de que esté vivo. Sin abrir la caja, el gato puede ser considerado vivo y muerto al mismo tiempo.

# ¿Qué es la antimateria?

**➡ Es la hermana gemela opuesta de la materia ordinaria. Entender en qué se diferencian podría desentrañar algunos de los misterios más insondables del cosmos. Entre tanto, aquí en la Tierra ya ayuda a los médicos a detectar tumores en los pacientes.**

En 1928, el físico británico Paul Dirac juntó la mecánica cuántica con la relatividad especial en la ecuación de Dirac, a veces descrita como la ecuación más hermosa de la física. Esta expresión matemática proporcionó una descripción detallada del comportamiento de partículas como los electrones. También predijo que el electrón debería tener una antipartícula (una hermana gemela exactamente con la misma masa, pero con carga opuesta).

Parecía una idea fantasiosa hasta que, unos años después, se descubrió un electrón positivo, el positrón. Siguieron los antiprotones en 1955 y, desde entonces, los científicos han descubierto una gran colección de antipartículas. Incluso han combinado antiprotones con positrones para hacer átomos de antihidrógeno.

Sin embargo, la antimateria es algo complicado. Cuando una antipartícula colisiona con su partícula, se aniquilan en una enorme explosión de energía. Solo con una lata de sopa llena de antimateria se podría liberar más energía que la que genera una gran central eléctrica en un año.

Por suerte para nosotros, no existen grandes grupos de antimateria acechando en nuestro universo. Pero la teoría sugiere que el Big Bang (*véase* pág. 14) debería haber creado cantidades iguales de materia y antimateria, lo que conduce a uno de los mayores misterios de la física. Dada su naturaleza igual pero opuesta, ¿por qué hay actualmente mucha más materia que antimateria? Se insinúa que existe una diferencia fundamental entre la materia y la antimateria, un sesgo potencialmente minúsculo que todavía permanece oculto a los físicos.

La antimateria puede parecer algo exótico, pero es algo que nos rodea, aunque sea brevemente. Por ejemplo, algunas formas de desintegración radiactiva (*véase* pág.18) emiten un positrón que se puede utilizar en una técnica de diagnóstico por imagen llamada tomografía por emisión de positrones (PET, por sus siglas en inglés). A los pacientes se les inyectan moléculas con un isótopo radiactivo en determinadas partes del cuerpo. El isótopo produce positrones que inmediatamente se aniquilan con los electrones del cuerpo del paciente, generando rayos gamma. El escáner PET detecta estos rayos gamma y permite a los médicos localizar tumores.

También en nuestro frutero de casa se generan minúsculas cantidades de antimateria. Los plátanos contienen muchos átomos de potasio, algunos de los cuales son isótopos radiactivos que de vez en cuando liberan un positrón (cada 75 minutos, más o menos).

# EL MUNDO EN LAS SOMBRAS

**MATERIA**

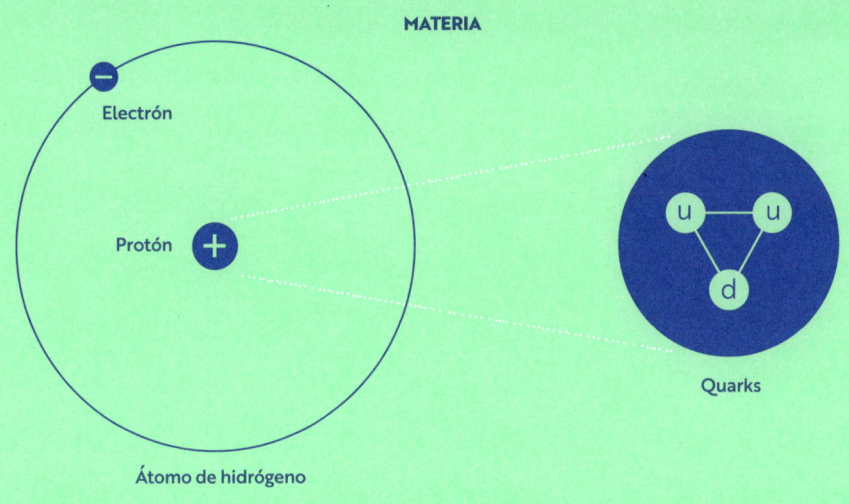

Electrón

Protón +

u u
d

Quarks

Átomo de hidrógeno

**ANTIMATERIA**

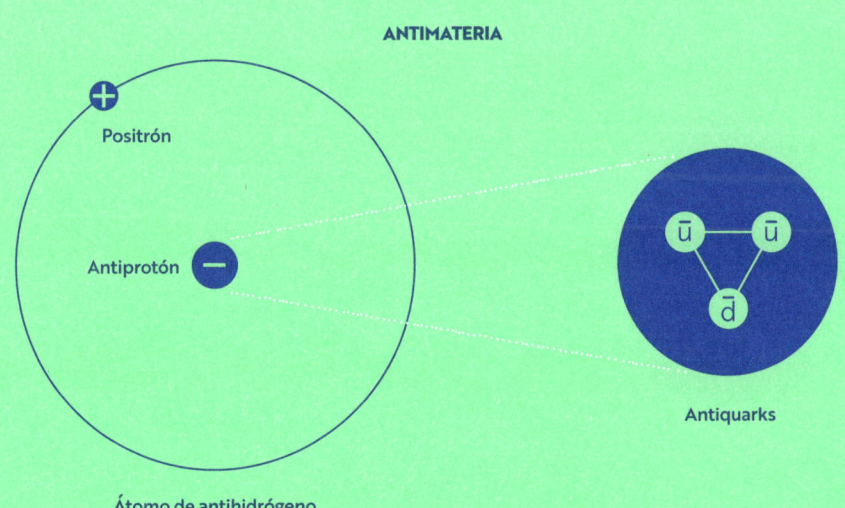

Positrón

Antiprotón −

ū ū
d̄

Antiquarks

Átomo de antihidrógeno

Un átomo de hidrógeno está formado por un protón y un electrón. Los protones contienen incluso partículas más pequeñas llamadas quarks, con diferentes atributos o «sabores», como los quarks up y los quarks down. El hermano gemelo antimateria del hidrógeno es el antihidrógeno, formado por un positrón (un electrón positivo) y un antiprotón, que contiene los antiquarks correspondientes. Hoy en día, los científicos estudian las diferencias entre el hidrógeno y el antihidrógeno para probar algunas de las reglas más fundamentales de la física. No obstante, son experimentos difíciles porque cuando la materia se encuentra con la antimateria su masa se convierte instantáneamente en energía, de acuerdo con la famosa ecuación $E=mc^2$ de Einstein.

# ¿Está obsoleto el modelo estándar?

**→ No lo está, pero podría necesitar una actualización. El modelo estándar ha servido durante mucho tiempo a los científicos para describir las partículas de nuestro universo. No obstante, es necesario añadir los nuevos descubrimientos, como la materia oscura.**

Desarrollado por primera vez en la década de 1970, el modelo estándar proporciona un modo de relacionar tres de las cuatro fuerzas fundamentales (el electromagnetismo y las fuerzas nucleares fuerte y débil) con los componentes básicos (las partículas) de nuestro universo. El modelo clasifica estas partículas, según sus propiedades, en distintas familias. Las partículas elementales son los fermiones (los electrones y los quarks), que componen la materia, y los bosones (como los fotones), que transmiten las fuerzas.

Desde el principio, el modelo estándar se ha sometido a un gran número de pruebas para examinar su validez. Ahora sabemos que hay ciertos aspectos que no contempla y otros que no puede explicar, como el magnetismo del muon, el ligero predominio de la materia sobre la antimateria o la existencia de la materia oscura y la energía oscura.

Por ejemplo, el muon es un pariente masivo e inestable del electrón, una de las partículas fundamentales del modelo estándar. Los científicos han sido capaces de hacer mediciones extremadamente precisas del magne-tismo interno del muon, que explican cómo interactúa con las fuerzas y con otras partícu-las, y han descubierto que este magnetismo se aleja (aunque sea en cantidades pequeñas) de las predicciones del modelo estándar.

Otro problema de este modelo es que no contempla la fuerza fundamental de la gravedad. Los científicos aún no han encontrado una partícula que describa cómo «se comunica» la gravedad con otras partículas.

El modelo estándar tampoco incluye la materia y la energía oscuras, que constituyen la mayor parte de nuestro universo; de hecho, solo puede explicar alrededor del 5 % de la energía presente. Hay mucha incertidumbre alrededor de ambas, pero el candidato preferido para la materia oscura (aunque solo se trate de una de las numerosas teorías que existen) es el neutrino (*véase* pág. 78).

Por tanto, como muchas cosas en la ciencia, el modelo estándar es realmente útil y proporciona un valioso punto de partida, pero tiene sus limitaciones. Y, sin duda, las discrepancias se incrementarán en el futuro a medida que los científicos consigan medir el universo con mayor precisión.

# PIEZAS QUE FALTAN

El modelo estándar de la física de partículas es un intrincado puzle que lleva de cabeza a los científicos desde hace décadas. Ha resultado muy exitoso para explicar muchos aspectos de las partículas subatómicas; por ejemplo, predijo la existencia del bosón de Higgs (véase pág. 80). No obstante, le faltan algunas piezas, como la gravedad, la materia oscura y la energía oscura, y no está nada claro cómo hacerlas encajar. Algunos científicos quieren ampliar el modelo para incluir muchas más partículas «super-simétricas», mientras que otros piensan que debería reemplazarse por otro que no se base en las partículas, sino en minúsculas «cuerdas» unidimensionales vibratorias.

# ¿A qué saben los neutrinos?

→ **Hay neutrinos de tres huidizos sabores. Cada variedad deja un rastro característico que los científicos pueden desentrañar para predecir la partícula que lo causó.**

Toda la materia que nos rodea está hecha de partículas fundamentales. Son los componentes básicos de todo lo que vemos en el mundo. Los físicos agrupan estas partículas fundamentales en el denominado modelo estándar. Un grupo intrigante y misterioso de partículas de este modelo son los neutrinos, que se presentan en tres sabores ligeramente distintos: el neutrino electrónico, el muónico y el tauónico. Curiosamente, pueden cambiar de sabor (de tipo) a voluntad.

Es muy difícil distinguir los diferentes tipos de neutrinos, ya que cada partícula tiene una masa minúscula sin carga eléctrica que apenas interactúa con la materia. De hecho, interactúan tan poco que, mientras está leyendo esto, aproximadamente 100 000 millones de neutrinos producidos en el Sol están traspasando su uña.

Por tanto, ¿cómo demuestran los físicos que los neutrinos existen? Para probar sus teorías, hacen experimentos para tratar de detectarlos y capturarlos. Como es muy poco frecuente que los neutrinos interactúen con la materia, cuando lo hacen hay que estar preparado. Intentar detectar la interacción de un neutrino en la superficie de la Tierra sería difícil, sencillamente porque hay muchas otras partículas y fuentes de radiación. Para evitar este problema, los científicos construyen enormes detectores subterráneos para protegerlos de las partículas no deseadas. Un ejemplo es el observatorio de neutrinos Super-Kamiokande de Japón, enterrado a más de 1000 metros de profundidad en una antigua mina abandonada. Las instalaciones cuentan con un tanque de 40 metros con más de 50 000 toneladas de agua ultrapura rodeada de detectores de luz ultrasensibles. Los especialistas esperan a que diferentes tipos de neutrinos interactúen con el agua para estudiar la radiación y las partículas resultantes.

En 1998, el Super-Kamiokande fue el primer detector que evidenció la esquiva oscilación del neutrino. En 2015, Takaaki Kajita y Arthur McDonald ganaron el Premio Nobel por su trabajo que confirmaba la detección de las oscilaciones de los neutrinos. Debido al éxito del Super-Kamiokande, actualmente se está construyendo una versión mucho más grande: el Hyper-Kamiokande. Apodado Hyper-K, el nuevo detector contendrá más de 1000 millones de litros de agua ultrapura y buscará otras interacciones de partículas huidizas, como las desintegraciones de protones.

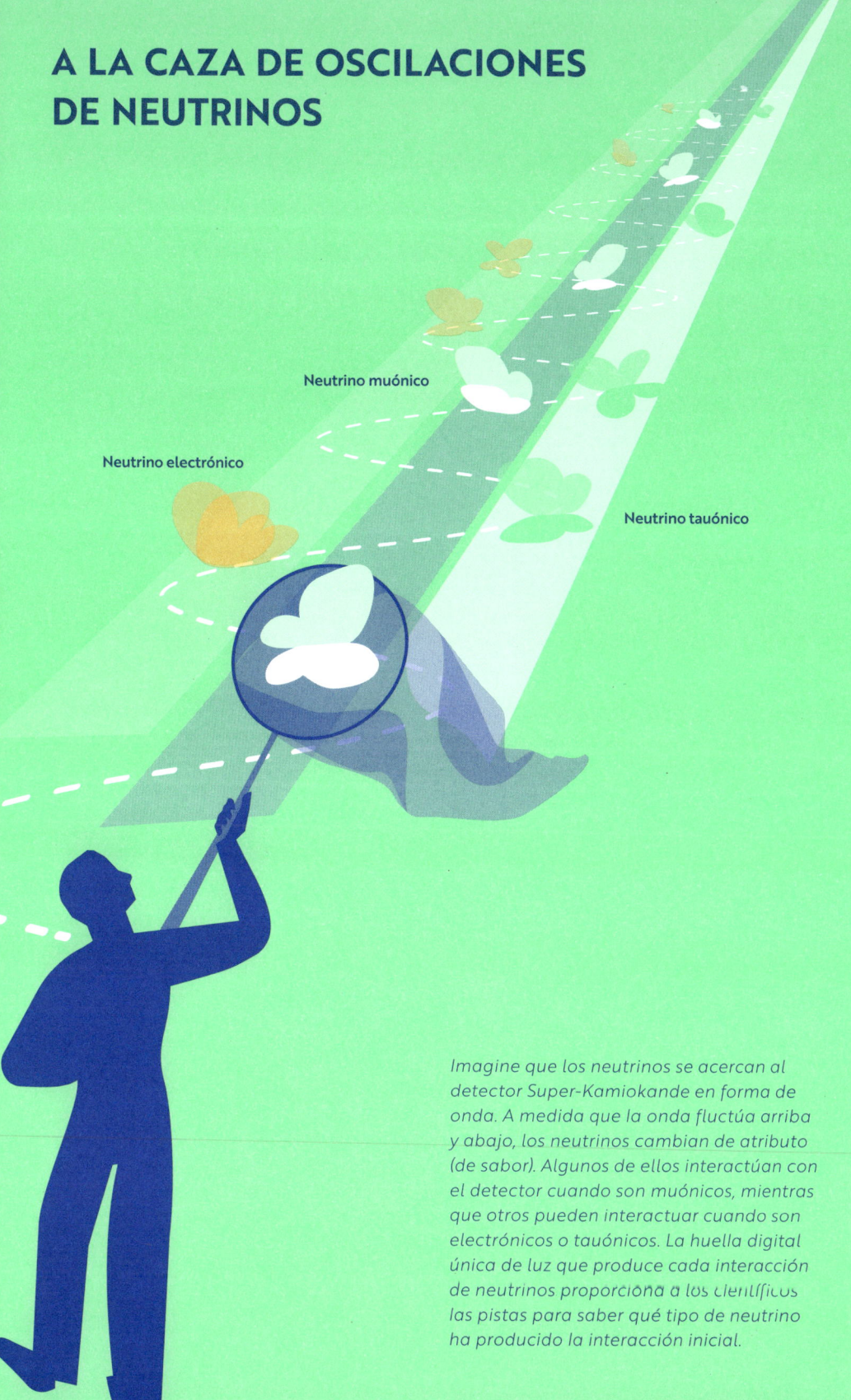

# A LA CAZA DE OSCILACIONES DE NEUTRINOS

Neutrino muónico

Neutrino electrónico

Neutrino tauónico

Imagine que los neutrinos se acercan al detector Super-Kamiokande en forma de onda. A medida que la onda fluctúa arriba y abajo, los neutrinos cambian de atributo (de sabor). Algunos de ellos interactúan con el detector cuando son muónicos, mientras que otros pueden interactuar cuando son electrónicos o tauónicos. La huella digital única de luz que produce cada interacción de neutrinos proporciona a los científicos las pistas para saber qué tipo de neutrino ha producido la interacción inicial.

# ¿Cómo se atrapa un bosón de Higgs?

**→ Inténtelo con el Gran Colisionador de Hadrones. El bosón de Higgs, conocido como la «partícula de Dios», fue descubierto en el campo cuántico de Higgs, un campo de fuerza que dota de masa la mayoría de las partículas.** ‹ · · · · · · · · ·

¿Por qué tantas cosas de nuestro universo tienen masa, mientras que otras, como la luz, no la tienen en absoluto? La respuesta se encuentra en un campo de fuerza invisible y en una partícula ahora célebre llamada el bosón de Higgs.

La naturaleza se rige por cuatro fuerzas fundamentales: la gravedad, la fuerza nuclear fuerte, la fuerza nuclear débil y el electromagnetismo. Cada fuerza es transmitida por un tipo de partícula conocida como bosón. Los bosones W y Z, que portan la fuerza débil, son muy similares a las partículas de luz, llamadas fotones, que transportan el electromagnetismo.

Sin embargo, los científicos no podían entender por qué los bosones W y Z son partículas relativamente pesadas, mientras que los fotones carecen de masa. En la década de 1960, varios físicos trataron de explicarlo proponiendo un nuevo tipo de campo de fuerza que proporciona masa a los bosones W y Z, dejando a los fotones por su cuenta. Se llamó campo de Higgs por su descubridor, el físico Peter Higgs. Cuanto más interactúa una partícula con este campo, más pesada se vuelve.

El bosón de Higgs es una especie de onda del campo de Higgs. Sus defensores pensaron que podría tratarse de la última pieza que faltaba para completar el modelo estándar, la colección de partículas y fuerzas que componen los elementos básicos del universo (*véase* pág. 76).

Para cazar a su presa divina, los físicos construyeron el Gran Colisionador de Hadrones (LHC, por sus siglas en inglés) en el CERN, cerca de Ginebra. Esta gran máquina destroza los protones para hacer una sopa de alta energía de partículas exóticas. Después de escudriñar los desechos durante varios años, científicos del CERN anunciaron en 2012 que tenían pruebas fehacientes de que estas colisiones habían creado bosones de Higgs, confirmando la existencia del omnipresente campo de Higgs. Por estas predicciones proféticas, Peter Higgs y François Englert ganaron el Premio Nobel de Física en 2013.

¿Así que nuestra comprensión de la física de partículas es ahora completa? Ni por asomo: todavía hay un montón de cosas extrañas que el modelo estándar no puede explicar, incluidos misterios como la materia oscura y la energía oscura.

# EL CAMPO DE HIGGS

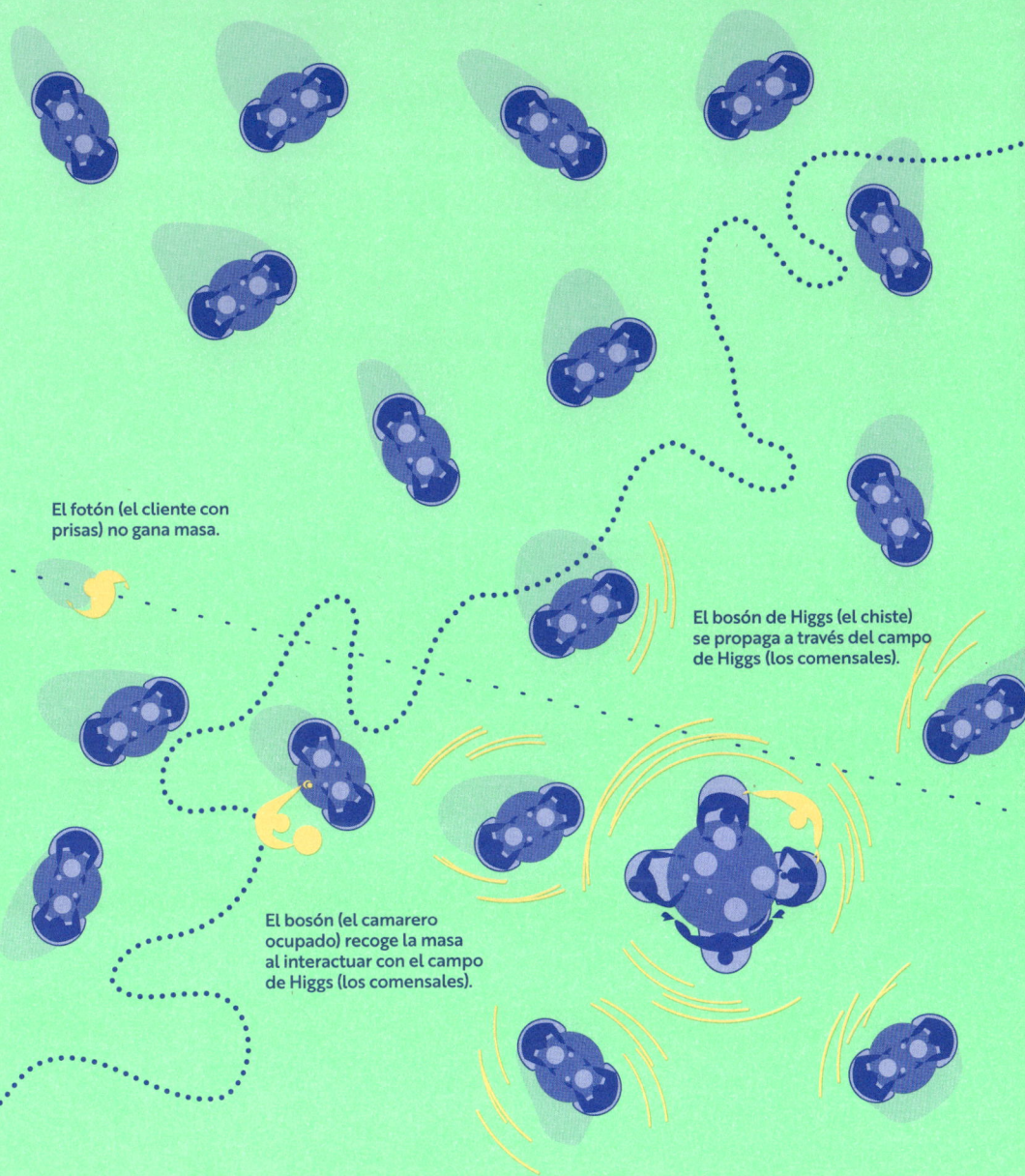

El fotón (el cliente con prisas) no gana masa.

El bosón de Higgs (el chiste) se propaga a través del campo de Higgs (los comensales).

El bosón (el camarero ocupado) recoge la masa al interactuar con el campo de Higgs (los comensales).

Si el campo de Higgs fuera un restaurante lleno de comensales, un cliente con prisas representaría un fotón que atraviesa el campo de Higgs a toda velocidad sin ninguna interacción. Mientras tanto, un camarero ocupado deteniéndose en las mesas para recoger platos y vasos representaría una un bosón que atraviesa el campo ganando masa lentamente. Ambas partículas comienzan sin masa y solo la obtiene aquella que interactúa con el campo de Higgs: el bosón (el camarero ocupado). Entre tanto, los comensales de una mesa cuentan un chiste. Otros comensales lo oyen y regresan a sus respectivas mesas para compartir el chiste, creando una onda que se extiende por toda la sala. Esta onda, que también puede imaginarse como la protuberancia que se crea al sacudir el extremo de una cuerda, es análoga al bosón de Higgs.

**TAXONOMÍA**

**FOTOSÍNTESIS**

**CÉLULAS**

CAPÍTULO 5

VIDA

ADN

GENES

ENZIMAS

BACTERIAS

# INTRODUCCIÓN

**T**al vez la ciencia no nos puede decir demasiado acerca del significado de la vida, pero ofrece conocimientos impresionantes sobre la vida en la Tierra y los procesos que la impulsan.

Para explorar la gloriosa variedad de vida que nos rodea, ayuda tener un mapa. Eso es exactamente lo que hizo Carlos Linneo cuando desarrolló el primer sistema moderno para clasificar animales y plantas en grupos distintos. Esto marcó el comienzo de la **TAXONOMÍA**, la disciplina que nombra y clasifica a los seres vivos (*véase* pág. 88).

Linneo basó su taxonomía en las características físicas de los organismos, a los que otorgó un nombre latino único para indicar su posición en este gran esquema. Actualmente, la taxonomía se basa en el estudio de la composición genética de los organismos, que revela cómo se relacionan entre sí.

Casi todas estas formas de vida obtienen la energía que necesitan del sol a través de un proceso llamado **FOTOSÍNTESIS** (*véase* pág. 90). Las plantas, las algas y algunas bacterias utilizan la luz para combinar agua y dióxido de carbono y así conseguir glucosa y oxígeno. Cuando ingerimos plantas, nos nutrimos de la energía solar que estaba encerrada en forma de glucosa y usamos el oxígeno para ayudar a la digestión.

Todos estos milagros bioquímicos se producen dentro de las **CÉLULAS**, la unidad estructural básica de todos los seres vivos (*véase* pág. 92). Las células se observaron por primera vez en microscopios del siglo XVII. Muchos organismos están formados por una sola célula, mientras que los seres humanos se construyen a partir de billones de células de muchos tipos diferentes, todas ellas con una función específica.

Cuando los científicos profundizaron en el interior de las células, vieron que estas bolsas blandas contenían una masa de moléculas en ebullición, todas ellas involucradas en las reacciones bioquímicas responsables de la vida. Tal vez la más icónica de estas moléculas sea el ácido desoxirribonucleico, más conocido como **ADN**. Esta estructura de doble hélice contiene un código químico con toda la información necesaria para crear un organismo (*véase* pág. 94).

Los **GENES** son secciones cortas del ADN que proporcionan a las células instrucciones para hacer moléculas útiles. Por ejemplo, algunos genes llevan los códigos para las **ENZIMAS**, que son un tipo especial de proteínas que aceleran las reacciones químicas en nuestras células (*véase* pág. 98). Sin las enzimas, la vida iría al ralentí, y tareas básicas como la digestión y el movimiento resultarían imposibles.

El estudio de cómo el **ADN** almacena y transmite estos modelos biológicos ha ayudado a los científicos a entender los orígenes de muchas enfermedades y, por tanto, a saber cómo tratarlas. También les permite alterar los códigos de organismos como las **BACTERIAS**, otorgándoles habilidades extraordinarias que se pueden aprovechar para producir combustibles o medicamentos. La ciencia observa de cerca los procesos que permiten que la vida florezca y usa estos conocimientos para ayudar a mantener nuestra propia vida.

# MAPA DE LA VIDA

## GENÉTICA

### ENZIMA
Proteína especial que actúa como catalizador biológico, acelerando una reacción química sin experimentar ningún cambio permanente.

### ALELO
Forma variante de un gen. Una copia de cada gen se hereda de cada progenitor. Si son distintos y un alelo es «dominante», ese rasgo físico ganará, como los ojos marrones se imponen a los azules. También determina el riesgo de contraer enfermedades y alergias.

### PROTEÍNAS
Moléculas grandes y complejas formadas por aminoácidos que realizan una gran variedad de funciones dentro de los organismos. Son esenciales para la estructura, la función y la regulación de los tejidos y los órganos humanos.

### GEN
Unidad básica hereditaria transmitida de padres a hijos, que incluye secciones de ADN que aportan a las células instrucciones sobre características físicas o funciones.

### AMINOÁCIDO
Pequeño bloque de construcción que compone las proteínas. Hay veinte tipos distintos en el cuerpo humano.

### RIBOSOMA
Presente en todas las células, une los aminoácidos para formar proteínas usando el código de un tipo de ARN conocido como ARN mensajero.

### ADN
Ácido desoxirribonucleico, una sustancia química orgánica que contiene las instrucciones para fabricar proteínas en un organismo. Cada molécula tiene una estructura de doble hélice.

### ROSALIND FRANKLIN
Química británica (1920-1958) que consiguió imágenes detalladas de la difracción de rayos X del ADN, lo que contribuyó al descubrimiento de su estructura de doble hélice.

### JAMES WATSON Y FRANCIS CRICK
Científicos que descifraron la estructura de doble hélice del ADN en 1953, hecho que les valió el Premio Nobel de Medicina, compartido con su colega Maurice Wilkins.

# BIOLOGÍA

## MUTACIÓN

Cambio en la secuencia genética de un organismo, ya sea por error al ser copiada o debido a factores ambientales.

## EVOLUCIÓN DIRIGIDA

Realización de repetidos cambios en el código del ADN de una proteína con el fin de mejorar una propiedad deseada de la misma.

## GENOMA

Código genético completo o conjunto de instrucciones de ADN que contiene toda la información genética de un organismo.

## SECUENCIACIÓN GENÉTICA

Proceso para averiguar el orden de las bases en las moléculas del ADN. Ayuda en la investigación y el diagnóstico biológicos y médicos.

## CÉLULA

Bloque de construcción básico de todos los seres vivos y la unidad más pequeña que puede vivir por sí sola. Compuesta generalmente de una membrana, un núcleo y un citoplasma.

## PAR DE BASES

Cada hebra que forma la doble hélice del ADN consta de pequeñas moléculas, conocidas como bases, que se emparejan para sujetar ambas hebras.

## BACTERIAS

Organismos unicelulares microscópicos, o simples, que se encuentran en cualquier lugar de la Tierra, incluso dentro de otros organismos. Puede ser útil o perjudicial para los seres humanos.

## EUCARIOTAS

Organismos complejos (a diferencia de los unicelulares) con células que contienen núcleos envueltos por membranas. Comprenden a los seres humanos y las plantas.

## ARQUEAS

Tipo de organismo primitivo unicelular que carece de núcleo definido. Son similares a las bacterias, pero con algunas características únicas.

## FOTOSÍNTESIS

Proceso químico mediante el cual crecen las plantas. Un pigmento llamado clorofila absorbe la energía solar que, combinada con agua y dióxido de carbono, produce glucosa y oxígeno.

## TAXONOMÍA

Sistema ideado por Carlos Linneo para clasificar los organismos vivos, dividiéndolos en categorias para progresivamente subdividirlos en grupos cada vez más pequeños.

# ¿La taxonomía es más que un juego de palabras?

→ **Los nombres son muy útiles para categorizar la interrelación de la vida en la Tierra. De ahí la importancia de la taxonomía, la ciencia que da nombre, describe y clasifica los organismos vivos.**

Si le gustan los seres vivos y disfruta clasificándolos, le encantará la taxonomía. A Carlos Linneo sin duda le fascinaba. En el siglo XVIII, al biólogo sueco, conocido como el «padre de la taxonomía moderna», se le ocurrió el primer sistema moderno para clasificar los organismos. El sistema de Linneo divide la vida en grandes categorías y luego las subdivide en grupos progresivamente más pequeños. Es como enfocar un país e ir haciendo un *zoom* que paulatinamente nos acerque a una ciudad, a una calle, a una casa y, finalmente, a una persona.

También creó el sistema binomial para nombrar a las especies, que utiliza dos palabras latinas para indicar el género y la especie de un organismo. Los humanos, por ejemplo, somos *Homo sapiens*. Con este sistema llegó a dar nombre a más de 12 000 especies de plantas y animales. El método sigue vigente en la actualidad.

Con el tiempo, a medida que los científicos conocen mejor el medio natural y desarrollan nuevos métodos de estudio, las ideas iniciales de Linneo se han ido matizando. Todas las formas de vida pueden ser ahora subdivididas en dominios, reinos, filos, clases, órdenes, familias, géneros y especies. En 1977, el microbiólogo estadounidense Carl Woese fue pionero en la técnica de la taxonomía filogenética, que clasifica los organismos a partir de sus diferencias genéticas.

Como resultado, la visión predominante actual es que la vida se divide en tres dominios: eucariotas, bacterias y arqueas. Woese identificó y clasificó las arqueas, que son un tipo de organismos unicelulares primitivos. Las bacterias son asimismo unicelulares, mientras que las eucariotas, como las personas y las plantas, tienden a ser más complejas y tienen células con núcleos envueltos por membranas.

Hoy día resulta relativamente fácil aislar y estudiar material genético como el ADN, de forma que los científicos ajustan continuamente la clasificación de ciertos organismos. Los pandas rojos, por ejemplo, se consideran miembros de la familia de los mapaches, mientras que los pandas gigantes pertenecen a la familia de los osos. ¡El árbol filogenético de la vida se pone cada vez más interesante!

# EL ÁRBOL DE LA VIDA

**BACTERIAS**

Espiroquetas

Cianobacterias

**ARQUEAS**

Methanosarcina

Haloarqueas

Methanococcus

**EUCARIOTAS**

Animales

Hongos

Plantas

Los árboles filogenéticos, que se basan en las diferencias hereditarias que existen entre los organismos, revelan la evolución y la interconexión de toda la vida en la Tierra. Las ramas grandes que se muestran aquí tienen subdivisiones cada vez más pequeñas, y todo se remonta a un simple antepasado universal unicelular que hizo florecer la vida. Las formas de vida procariotas, de las que forman parte las arqueas y las bacterias, son los organismos más abundantes y diversos de nuestro planeta. Hay más procariotas en una sola palada de tierra del jardín que humanos han poblado el planeta en toda su historia.

**ANTEPASADO UNIVERSAL**

# ¿Cómo domina el planeta la fotosíntesis?

**→ Un rayo de luz, un soplo de aire y una gotita de agua: estos son los ingredientes de la fotosíntesis, una serie de reacciones químicas que han sustentado prácticamente todas las formas de vida en la Tierra durante miles de millones de años.**

Durante años se pensaba que las plantas crecían mejor si se labraba la tierra con tallos y hojas. En el siglo XVII, Jan Baptista van Helmont realizó un experimento icónico para demostrar que eso no era cierto. Pesó con cuidado un sauce y algo de tierra. Luego puso la tierra en un tiesto y plantó el árbol. Durante cinco largos años regó el árbol y lo vio crecer, asegurándose de que ningún otro material cayera sobre la tierra. Finalmente, sacó el árbol de la maceta, sacudió la tierra y pesó ambas cosas. El árbol había crecido mucho, pero la tierra no había perdido prácticamente ni un gramo de su peso.

Eso se debe a que el árbol construyó sus ramas, raíces y hojas a partir del agua y del aire, mediante un proceso llamado fotosíntesis (posiblemente el proceso químico más importante del planeta).

Las plantas usan un pigmento llamado clorofila que absorbe la luz roja y canaliza la energía del sol a través de una serie de reacciones que combinan el agua con el dióxido de carbono del aire. Esto produce una molécula en forma de anillo llamada glucosa (el azúcar principal que se encuentra en la sangre) junto con el oxígeno, que se libera de nuevo en el aire. La planta utiliza la glucosa como un elemento fundamental para formar todo tipo de moléculas de carbohidratos, incluyendo la celulosa y el almidón. La celulosa es un polímero rígido que fortalece las células de las paredes de la planta, ayudándola a crecer. El almidón actúa como la batería de la planta, almacenando la energía solar en sus enlaces químicos. Cuando ingerimos plantas, o los animales que se alimentan de ellas, estamos consumiendo carbono y cosechando la energía capturada por la fotosíntesis.

El oxígeno liberado por la fotosíntesis también es muy útil. Cada vez que respiramos, captamos oxígeno del aire y lo utilizamos para quemar los alimentos y obtener la energía resultante. Sin la fotosíntesis, estaríamos fritos. (Spoiler: tampoco habría tostadas.)

Incluso los combustibles fósiles deben su energía a la fotosíntesis. Cuando las plantas muertas se aplastan y se calientan durante largo tiempo bajo tierra, acumulando capas de rocas, forman carbón. Al quemarse, este carbón libera la energía que estas antiguas plantas capturaron del sol hace cientos de millones de años.

# PLANTAS ENERGÉTICAS

En todo el mundo, la fotosíntesis convierte alrededor de 200 000 millones de toneladas de dióxido de carbono en azúcares cada año. Esto representa más de 6000 toneladas de dióxido de carbono cada segundo, suficiente para llenar un globo más grande que la gran pirámide de Guiza, en Egipto.

La fotosíntesis también captura una gran cantidad de luz solar. En solo dos minutos, este proceso reúne tanta energía como la de todo el petróleo que cabe en un gran superpetrolero: 12 000 billones de julios.

# ¿Las células son la clave de la vida?

→ Bueno, ¡no estaría leyendo esto sin ellas! Todos los seres vivos están hechos de células, y usted no es la excepción. Su cuerpo está formado por unos 40 billones de células, todas trabajando para mantenerle en marcha. No es que las células sean la clave de la vida, es que son la vida.

⟿ La célula es la unidad estructural y funcional básica de la vida.

Las células son diminutas «bolsas de cosas», por tanto, en su mayoría son demasiado pequeñas para ser vistas por el ojo humano, por lo que los científicos tuvieron que esperar a la invención del microscopio para poder descubrirlas. Ese momento llegó en 1665, cuando el científico inglés Robert Hooke miró a través del ocular de un microscopio y vio la célula de una planta. Detalló su revelación en su libro *Micrographia* y llamó a la estructura célula, del inglés *cell* («celda»), porque le recordaba a las pequeñas habitaciones en las que vivían los monjes.

Poco después, el científico holandés Antonie van Leeuwenhoek creó lentes de microscopio más potentes y las utilizó para detectar otras entidades minúsculas, incluidas bacterias y espermatozoides.

Se estaba confirmando la teoría de que los organismos unicelulares existían, y que los organismos más grandes y complejos estaban formados también por células. La idea la desarrollaron, en el año 1839, Theodor Schwann y Matthias Schleiden, quienes propusieron que las células eran las unidades fundamentales tanto de las plantas como de los animales. Este argumento se conoció como la teoría celular. En 1855, Rudolf Virchow amplió la idea y los estudios y estableció que todas las células se generan desde células ya existentes. No pueden «aparecer» de la nada.

No hay duda de que se trata de un enigma evolutivo. Si toda la vida en la Tierra se remonta a un primer antepasado unicelular, ¿cómo se creó esa primera célula? Algunos piensan que las pequeñas moléculas que originaron la vida se crearon en respiraderos de aguas profundas o que llegaron a la Tierra a través de meteoritos. Nadie lo sabe con seguridad, pero las primeras células y, por lo tanto, las primeras formas de vida en la Tierra, surgieron hace alrededor de 3800 millones de años. Desde entonces, ha habido una cadena ininterrumpida de células, desde aquel primer organismo unicelular hasta nosotros y hasta todas las formas de vida que existen hoy en la Tierra.

# LA PIEDRA ANGULAR DE LA VIDA

Todos los seres vivos pluricelulares, como los humanos, los dinosaurios, los peces y las plantas, están formados (lo estaban, en el caso de los dinosaurios) por células de diferentes tipos. Existen, por ejemplo, células musculares, células nerviosas y células grasas. Cada tipo de célula está especializado y desempeña una función determinada, pero encajan para crear un todo que es mucho más que la suma de sus partes. Trabajando juntas, las células nos dan la capacidad de vivir, pensar y hacer. Nos proporcionan la esencia de estar vivos.

# ¿Qué podemos encontrar en nuestro ADN?

**⟶ La doble hélice en espiral del ADN encierra el código secreto de la vida, escrito en lenguaje químico. El código lo forman 3000 millones de letras y contiene una serie de recetas espectaculares para construir las moléculas biológicas en nuestro cuerpo.**

Las instrucciones para construir un ser vivo están escritas en sus genes. Los científicos han estudiado la genética durante décadas antes de descubrir de qué están hechos los genes. En la década de 1940, se probó la existencia de una molécula llamada ácido desoxirribonucleico (ADN) que transporta la información genética. Pero incluso entonces, los científicos no estaban seguros de cómo eran las moléculas de ADN.

En 1953, James Watson y Francis Crick resolvieron el problema basándose en el trabajo de otros muchos científicos, entre ellos la no menos importante Rosalind Franklin, que reunió datos cruciales. Al estudiar los patrones que se crean cuando los rayos X se dispersan a través de un cristal de ADN, se dieron cuenta de que dos largas hebras de ADN se retuercen, una alrededor de la otra, en forma de doble hélice.

Cada hebra lleva una serie de moléculas pequeñas llamadas adenina (A), guanina (G), timina (T) y citosina (C), globalmente conocidas como bases. Estas bases pueden emparejarse y pegar las dos hebras de ADN: la T se engancha a la A, mientras que la C se aferra a la G. Descubrir esta estructura permitió a los científicos entender cómo funciona el ADN.

Si las bases del ADN son como letras, los genes son frases largas. Uno de sus principales trabajos es almacenar recetas para fabricar proteínas, que realizan una gran cantidad del trabajo bioquímico en nuestro cuerpo. Las proteínas están formadas por cientos de pequeños componentes esenciales llamados aminoácidos, disponibles en veinte variedades distintas.

La secuencia de las bases del ADN le dice al cuerpo qué aminoácidos usar para construir una nueva proteína. Funciona de este modo: una proteína especial llamada enzima (*véase* pág, 98) abre la doble hélice para que su código pueda ser copiado y trasladado a una pequeña pieza de maquinaria biológica llamada ribosoma. A medida que el ribosoma lee el código, construye la proteína, un aminoácido tras otro.

Si el código de ADN contiene errores (una base equivocada en el lugar equivocado, por ejemplo), a veces puede incrementar el riesgo de cáncer, diabetes u otros trastornos. Los investigadores médicos a menudo utilizan una técnica llamada secuenciación del ADN para leer el código genético con el objetivo de diagnosticar enfermedades y entender sus causas.

# ESTRUCTURA DEL ADN

El ADN humano transporta unos 3000 millones de pares de bases, de los cuales solo un pequeño porcentaje forma nuestros 21 000 genes, aproximadamente. Si lo colocáramos en línea recta, el ADN de una sola célula mediría unos dos metros. Las histonas, un grupo de proteínas que funcionan como un andamio, envuelven cuidadosamente el ADN para que encaje dentro de una célula. Luego se enrolla una y otra vez para formar estructuras llamadas cromosomas. En los seres humanos, 46 de estos cromosomas se encuentran en el núcleo celular, que apenas mide seis micrómetros de ancho y es 200 veces más pequeño que un grano de arena.

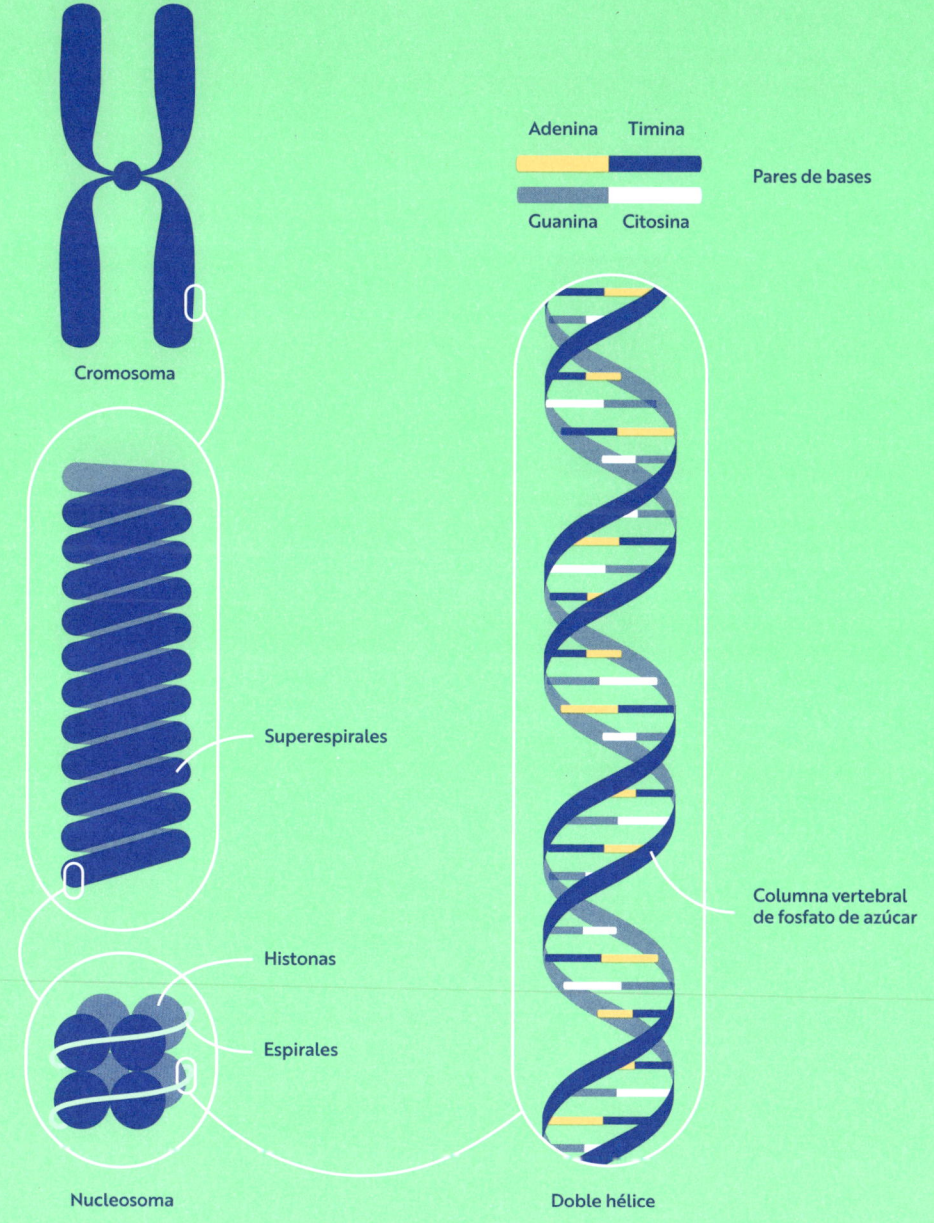

Cromosoma

Adenina    Timina

Pares de bases

Guanina    Citosina

Superespirales

Columna vertebral
de fosfato de azúcar

Histonas

Espirales

Nucleosoma

Doble hélice

# ¿Cómo se secuencia un gen?

**→ Si es usted genetista, la respuesta es «fácilmente». Hoy día, es relativamente fácil y barato secuenciar o decodificar el ADN que se encuentra dentro de las células. Este proceso ayuda a los científicos a comprender cómo se desarrolla la vida, a entender las enfermedades y a investigar nuevas terapias.**

Los genes son secciones cortas de ADN. Los humanos tenemos alrededor de 21 000 genes diferentes. Las moscas de la fruta, aproximadamente 14 000, mientras que el arroz se acerca a los 51 000. Cada gen proporciona a las células de los seres vivos un conjunto de instrucciones para la construcción de algo útil, como una proteína. Trabajando juntos, influyen en todo, desde nuestra altura hasta el color del cabello, pasando por las enfermedades y la personalidad.

Cuando en el siglo XIX el fraile agustino Gregor Mendel estudiaba la planta de los guisantes, se dio cuenta de que características como el color de la flor y la forma de la semilla venían determinadas por «unidades de herencia» que se transmiten de padres a hijos. Ahora sabemos que estas unidades son genes y que esos guisantes eran como eran porque habían heredado diferentes versiones, o alelos, de genes concretos. Si un alelo es dominante, solo se necesita una copia para que surta efecto, pero si un alelo es recesivo, se requieren dos.

Los genes no se conocieron hasta que se descubrió el ADN y se descifró su estructura. En el año 1952, Rosalind Franklin y Raymond Gosling hicieron una fotografía con rayos X del ADN que llevó a James Watson y Francis Crick a establecer que la estructura del ADN es algo así como una escalera de caracol o una doble hélice.

Los escalones están hechos de pares de moléculas llamadas nucleótidos. Aunque solo hay cuatro nucleótidos diferentes, el código genético completo de un organismo o «genoma» puede contener muchos miles de millones de nucleótidos.

Los mismos genes varían de tamaño, de miles a millones de pares de nucleótidos, y la secuencia de un gen es simplemente el orden en el que aparecen estos nucleótidos. Ahora es posible frotar el interior de nuestra mejilla con un hisopo (bastoncillo de algodón), enviar la muestra a un laboratorio de secuenciación y saber qué versiones específicas de genes clave tenemos. Esto arroja luz sobre nuestros ancestros y también sobre el riesgo que tenemos de desarrollar ciertas enfermedades.

# SECUENCIACIÓN DEL ADN

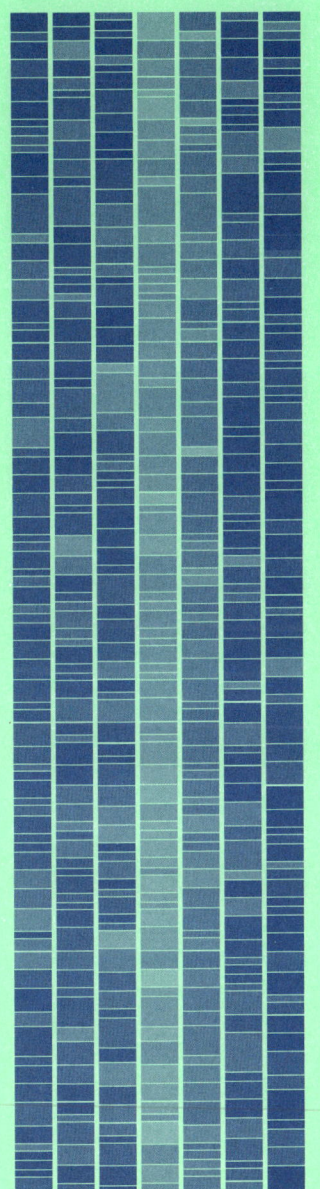

*La secuenciación es el método que se utiliza para determinar el orden o la «secuencia» de los nucleótidos del ADN. Actualmente, el procedimiento es rápido y económico, y la «secuenciación de alto rendimiento» se puede utilizar para determinar no solo la secuencia de un gen, sino la secuencia de todo un genoma en solo un día. La comparación del genoma de diferentes organismos proporciona grandes sorpresas. La planta del arroz, por ejemplo, tiene 30 000 genes más que nosotros.*

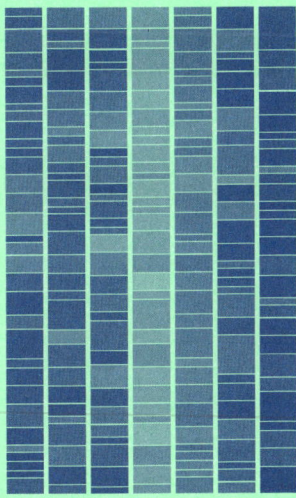

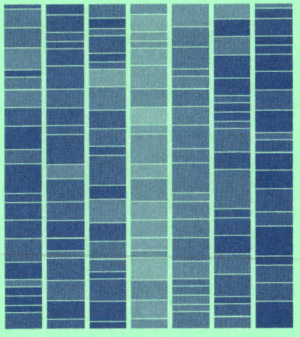

**ARROZ**
Unos 51 000 genes

**HUMANOS**
Unos 21 000 genes

**MOSCAS DE LA FRUTA**
Unos 14 000 genes

# ¿Cómo se desarrolla una enzima?

➡ **Las enzimas son catalizadores naturales que aceleran las reacciones químicas vitales de nuestro cuerpo. Ahora, los científicos pueden desarrollar enzimas en el laboratorio, otorgándoles un gran impulso para que produzcan medicamentos o combustibles, o realicen un montón de tareas útiles más.**

Una enzima es un tipo especial de proteína que acelera una reacción química, o, dicho de otro modo, un catalizador biológico. A diferencia de muchos catalizadores artificiales, las enzimas pueden producir estas reacciones sin necesitar mucho calor o presión, y a una velocidad billones de veces superior a la normal. Los procesos más cruciales de la vida (desde la digestión de los alimentos a la flexión de nuestros músculos) dependen de las enzimas.

Las enzimas, como todas las proteínas, se construyen a partir de cientos de bloques de aminoácidos. Nuestro cuerpo consta de miles de enzimas diferentes, cada una con una función específica. A menudo, funcionan en equipo para realizar una serie de reacciones químicas, como las que participan en la generación de energía a partir de los carbohidratos. Estas reacciones tienen lugar en una parte específica de la enzima, conocido como su sitio activo. Muchos medicamentos están diseñados para bloquear este sitio, reduciendo la actividad biológica no deseada.

Si se cuela un error en el plano del ADN de una enzima, puede ocurrir que se coloque un aminoácido equivocado en una parte crucial del sitio activo. Eso puede reducir la eficacia de la enzima, pero, de vez en cuando, el error mejora sus propiedades catalizadoras o incluso altera la reacción química que cataliza.

Los científicos han aprendido a acelerar este tipo de evolución enzimática en un tubo de ensayo, incrementando las habilidades de la enzima. La científica estadounidense Frances Arnold compartió el Premio Nobel de Química de 2018 por ser pionera de este planteamiento, llamado evolución dirigida.

En primer lugar, introduce algunos errores aleatorios en el ADN que lleva el código de una enzima concreta. Luego, introduce dicho ADN en bacterias beneficiosas, que empiezan a fabricar muchas mutaciones de la enzima. Después de comprobar su eficacia, las enzimas ganadoras pasan a una segunda ronda de mutaciones y pruebas, luego a una tercera, a una cuarta, y así sucesivamente hasta que surge la enzima campeona.

Esta estrategia ha ayudado a los científicos a aprovechar el poder de las enzimas para una gran variedad de tareas diarias. Las enzimas del detergente para lavar la ropa contribuyen a conseguir un blanco más puro, mientras que otras ayudan a fabricar medicamentos o a transformar los tallos duros de las plantas en combustibles renovables.

# EL PODER DE LAS ENZIMAS

*La superficie de las enzimas tiene forma de pequeño reactor químico. Este «sitio activo» está revestido de grupos químicos en las posiciones correctas para atrapar las moléculas más pequeñas y convertirlas en otra cosa. Al principio, los científicos creían que esta molécula entrante (o «sustrato»)*

*encajaba en el sitio activo como una llave en una cerradura. Eso es verdad, hasta cierto punto, ya que las enzimas flexibles pueden cambiar de forma para adaptarse a la molécula, moldeando el formato más adecuado para su trabajo.*

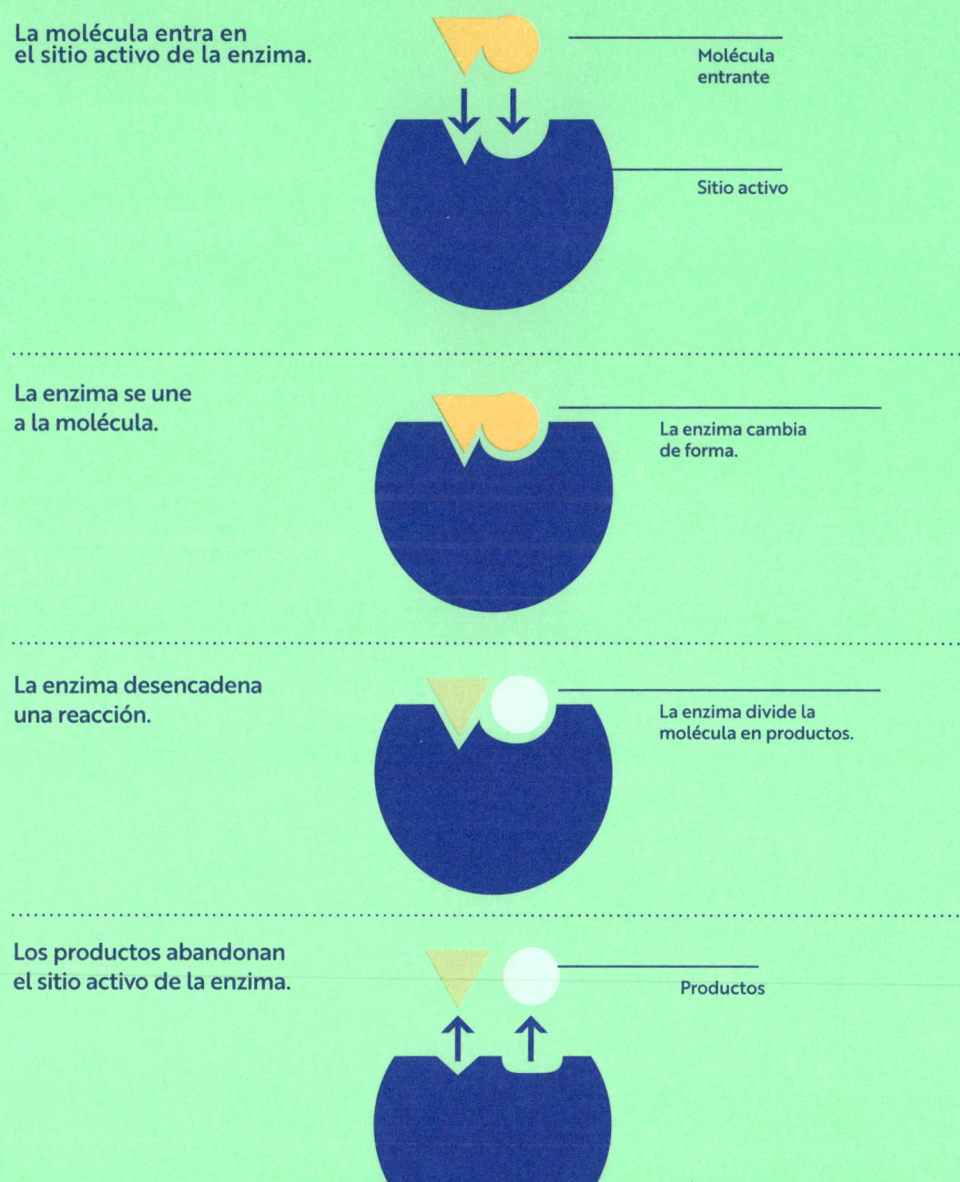

**La molécula entra en el sitio activo de la enzima.**

Molécula entrante

Sitio activo

**La enzima se une a la molécula.**

La enzima cambia de forma.

**La enzima desencadena una reacción.**

La enzima divide la molécula en productos.

**Los productos abandonan el sitio activo de la enzima.**

Productos

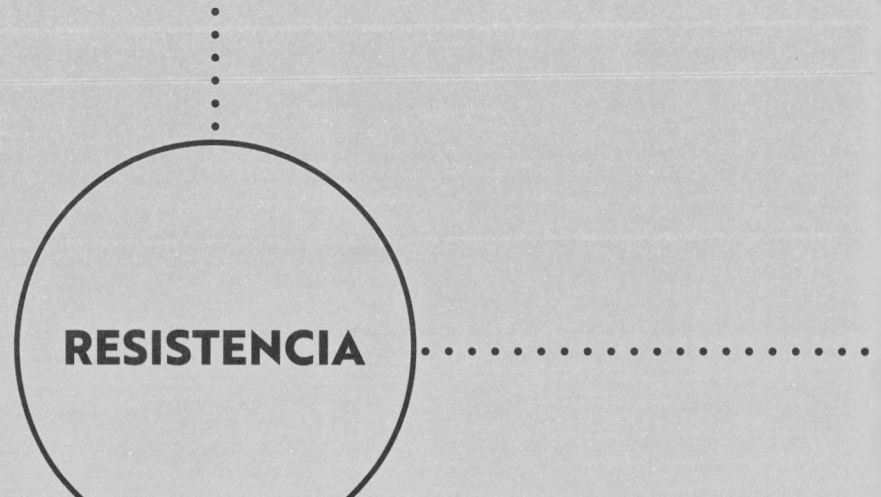

INMUNIDAD

EPIDEMIOLOGÍA

RESISTENCIA

# CAPÍTULO 6

# SALUD

GÉRMENES

PENICILINA

EDICIÓN GENÉTICA

# INTRODUCCIÓN

El estudio de los procesos de la vida ha transformado nuestra visión de la biología y se ha traducido en notables mejoras en nuestra salud. Identificando la causa de las enfermedades, los científicos han desarrollado un arsenal de medicamentos eficaces y han encontrado caminos para evitar que las personas contraigan infecciones. Más recientemente, los investigadores han comenzado a abordar las enfermedades modificando los fundamentos de la vida a través de la reprogramación de células y la edición del código genético.

Uno de los momentos clave de la medicina preventiva tuvo lugar en el siglo XIX. El médico húngaro Ignaz Semmelweis se dio cuenta de que si los médicos se lavaban las manos antes de atender un parto, se evitaba que la mujer contrajera una enfermedad fatal llamada «fiebre puerperal».

Esto se debe a que muchas enfermedades se transmiten de una persona a otra a través de los **GÉRMENES**, como bacterias y virus (*véase* pág. 106). Hoy en día, se eliminan microbios mediante procesos como la **PASTEURIZACIÓN** y la esterilización, y las personas recibimos vacunas para estimular nuestra **INMUNIDAD** a los gérmenes (*véase* pág. 108).

También en el siglo XIX, los científicos comenzaron a fijarse en la expansión de enfermedades como el cólera. Esto condujo a la ciencia de la **EPIDEMIOLOGÍA**, que estudia la incidencia de enfermedades en la población (*véase* pág. 110). Proporciona información vital sobre cómo detener la transmisión de infecciones como el COVID-19. Los investigadores también emplean la epidemiología para identificar los perfiles más vulnerables a una enfermedad en particular.

El agua y el jabón son a menudo suficientes para matar las bacterias que acechan una superficie; no obstante, estos microbios son mucho más difíciles de eliminar cuando proliferan en el interior del cuerpo humano. El descubrimiento en 1928 de la **PENICILINA**, un poderoso antibiótico, marcó sin duda un punto de inflexión clave en la atención sanitaria. Por primera vez, los médicos disponían de un tratamiento eficaz que podía prevenir y curar una gran variedad de infecciones bacterianas (*véase* pág. 112).

Con el tiempo, sin embargo, las bacterias pueden evolucionar para resistir la gama completa de antibióticos a nuestra disposición y convertirse en «superbacterias». El aumento de la **RESISTENCIA** antibacteriana significa que cada vez hay más infecciones difíciles de tratar, y que los científicos deben apresurarse para encontrar nuevos tipos de antibióticos que combatan la amenaza en cuestión.

Muchas enfermedades no surgen de los gérmenes, sino de fallos en nuestro propio organismo. Los científicos se sirven de la reprogramación celular para crear tejido de reemplazo como tratamiento de algunas afecciones, como la enfermedad de Parkinson. Esto implica rejuvenecer las células sanas en forma de **CÉLULAS MADRE**, que luego se pueden alterar y controlar para transformarlas en el tipo específico de célula que necesita el paciente para hacer frente a su dolencia (*véase* pág. 114).

Otra técnica, llamada **EDICIÓN GENÉTICA**, podría incluso permitir a los médicos solucionar problemas que causan enfermedades en lo más profundo de nuestro código de ADN (*véase* pág. 116). Este procedimiento ya se está utilizando experimentalmente en pacientes para desactivar genes involucrados en trastornos genéticos, como la anemia falciforme. Esto es tan solo un ejemplo de cómo los avances fundamentales de la biología se están aplicando al cuidado de la salud más deprisa que nunca.

# MAPA DE LA SALUD

## ENFERMEDAD

### FLORENCE NIGHTINGALE
Enfermera, reformadora social y estadística (1820-1910), es considerada la fundadora de la enfermería moderna. Estableció la importancia del saneamiento en los hospitales.

### EPIDEMIOLOGÍA
Estudio de la incidencia de enfermedades en diferentes grupos de personas y de las causas del trastorno.

### PANDEMIA
Brote de una enfermedad infecciosa que se propaga rápidamente (epidemia) en una gran zona geográfica.

### GERMEN
Cualquier microorganismo (bacteria, virus, hongo o protozoo) que causa una enfermedad.

### PASTEURIZACIÓN
Proceso de eliminación de gérmenes en alimentos y bebidas con calor. Debe su nombre al científico francés Louis Pasteur.

### INMUNIDAD
Capacidad de un organismo para resistir a las enfermeda-des y sustancias perjudiciales, como los gérmenes y las toxinas. Puede ser innata o adquirida.

### ANTÍGENO
Sustancia que provoca que el sistema inmunitario produzca anticuerpos para luchar contra ella para minimizar o prevenir una enfermedad, un trastorno o una respuesta alérgica.

### ANTICUERPO
Proteína protectora producida por el sistema inmunológico del cuerpo para eliminar antígenos. También llamada inmunoglobulina.

# MEDICINA

**PENICILINA**

Primera sustancia antibiótica efectiva conocida ampliamente; fue descubierta por Alexander Fleming en 1928.

**RESISTENCIA**

Cuando las bacterias o los hongos que causan una infección ya no responden a los medicamentos diseñados para eliminarlos.

**CÉLULA MADRE**

Tipo intermedio de células del cuerpo, tan versátiles que pueden convertirse en muchos otros tipos de células especializadas.

**REPROGRAMACIÓN CELULAR**

Proceso de transformar células adultas y especializadas en células madre, que pueden convertirse en cualquier célula a voluntad.

**EDICIÓN GENÉTICA CRISPR**

Tecnología utilizada para editar los genes de plantas y animales mediante la modificación de un fragmento del ADN, o para activar y desactivar los genes.

**LÍNEA GERMINAL**

Población de células reproductoras que transmiten los genomas a la próxima generación.

**CLONACIÓN**

Producción de una o más copias genéticamente idénticas de una célula o un organismo por medios naturales o artificiales.

# TERAPIA GENÉTICA

# ¿Qué es un germen?

**➡️ Un germen es cualquier organismo microscópico causante de infecciones, entre ellos las bacterias, los virus y los hongos. Pueden infectar a cualquier ser vivo, animales y plantas incluidos, y las enfermedades que causan pueden ser leves o graves.**

El siglo XIX no fue un gran momento para tener hijos. En aquel tiempo, cuando el médico húngaro Ignaz Semmelweis trabajaba en una maternidad austriaca, muchas madres morían de «fiebre puerperal» poco después de dar a luz.

Semmelweis se dio cuenta de que las madres que eran atendidas por parteras tenían un índice de supervivencia superior al de las que recibían los cuidados por parte de médicos y estudiantes de medicina. La razón, sugirió, era que estos pasaban de diseccionar cadáveres a atender partos sin lavarse las manos, y que, de alguna manera, estaban transmitiendo la causa de la enfermedad. Cuando los médicos adoptaron la rutina de lavarse las manos, el número de muertes disminuyó considerablemente. Fue el inicio de la medicina preventiva.

Unos años más tarde, el científico francés Louis Pasteur fue el primero en demostrar que los gérmenes causaban enfermedades. Desarrolló vacunas contra el ántrax y la rabia, y fue pionero en destruir gérmenes mediante el proceso de pasteurización. Sin embargo, fue un científico alemán, Robert Koch, quien desarrolló las ideas de Pasteur. Koch descubrió las bacterias responsables del ántrax, la tuberculosis y el cólera, y los métodos que impulsó permitieron que otros descubrieran más tipos de bacterias causantes de enfermedades.

La teoría de los gérmenes (la idea de que los gérmenes pueden causar enfermedades) crecía en importancia, y en la década de 1870 el cirujano británico Joseph Lister la aplicó en el quirófano. A partir de entonces, utilizó fenol para esterilizar los instrumentos quirúrgicos, el cuerpo del paciente y las manos del cirujano; como resultado, el número de infecciones posoperatorias empezó a disminuir de foma notable.

En la actualidad, la teoría de los gérmenes es ampliamente aceptada, y la técnica de esterilización salva vidas cada día en todo el mundo. Los medicamentos antivirales ayudan a aliviar los síntomas y a frenar la propagación de las infecciones de carácter vírico. Los medicamentos antimicrobianos, como los antibióticos, ayudan a tratar las infecciones bacterianas (*véase* pág. 112), mientras que las vacunas ayudan al sistema inmunológico a mantener las enfermedades a raya (*véase* pág. 108). Gracias a la teoría de los gérmenes, muchas enfermedades, en el pasado mortales, se pueden tratar ahora con relativa facilidad, a lo que también ayuda la mejora de las condiciones de los centros de salud pública.

# LA GUERRA CONTRA LOS GÉRMENES

Antes de la teoría de los gérmenes, mucha gente pensaba que la enfermedad la causaba un mal aire o «miasma». Ahora, se acepta ampliamente que las enfermedades infecciosas las causan los «gérmenes» en forma de bacterias, hongos y otras entidades microscópicas. La guerra contra ellos continúa, con artillería de primera línea que incluye esterilización, vacunas y antibióticos. Sin embargo, no hay que olvidar que, a medida que los gérmenes evolucionan, nuestras opciones de tratamiento deben evolucionar también, por lo que se desarrollan constantemente nuevos medicamentos y vacunas.

# ¿Las vacunas son la única vía hacia la inmunidad?

→ No, no lo son. Existen diferentes tipos de inmunidad y diferentes caminos para alcanzarla. No obstante, las vacunas, que funcionan imitando una infección, son una opción excelente porque pueden protegernos contra enfermedades que aún están por venir.

Hay tres tipos básicos de inmunidad. Todos nacemos con algún grado de inmunidad natural o innata que nos protege contra sustancias potencialmente perjudiciales, como los gérmenes y las toxinas. La piel, por ejemplo, forma parte de este sistema porque actúa de barrera contra los gérmenes.

Por el contrario, la inmunidad pasiva se adquiere a lo largo de la vida. Se «toma prestada» de otra fuente y dura poco tiempo. Las proteínas de la leche materna, por ejemplo, pueden inmunizar temporalmente al bebé de enfermedades que la madre haya contraído.

La inmunidad activa también se adquiere durante la vida, pero dura más. Se produce de manera espontánea cuando nos exponemos a un organismo que causa enfermedades, o «patógeno», e involucra a distintos tipos de células. Los fagocitos, por ejemplo, engullen y destruyen los patógenos, mientras que los linfocitos ayudan al cuerpo a recordar invasores anteriores y reconocerlos si vuelven. Lo hacen fabricando anticuerpos, que reconocen las proteínas de la superficie de los patógenos llamadas antígenos. Eso lleva tiempo, durante el cual podemos enfermar.

Las vacunas también generan inmunidad activa. Trabajan haciendo creer al sistema inmunitario que está siendo atacado por un patógeno para que el cuerpo pueda generar inmunidad sin ponernos enfermos.

Edward Jenner inventó la vacuna contra la viruela en 1796. La vacuna de Jenner utilizaba el virus de la viruela vivo para crear inmunidad, sin embargo, las vacunas de hoy en día tienden a hacerse con patógenos muertos o modificados. Algunas, como la primera vacuna que se aprobó para el COVID-19, están hechas de fragmentos del código genético del llamado ARN mensajero, que provee al cuerpo de las instrucciones necesarias para fabricar proteínas inmunoestimulantes.

A nivel colectivo, las vacunas son uno de los mayores éxitos de la historia de la salud pública. Han erradicado la viruela y han ayudado a controlar la reciente pandemia del COVID-19 allí donde su implementación ha sido extensa entre sus habitantes. Se calcula que anualmente las vacunas evitan más de cinco millones de muertes.

# CÓMO FUNCIONAN LAS VACUNAS

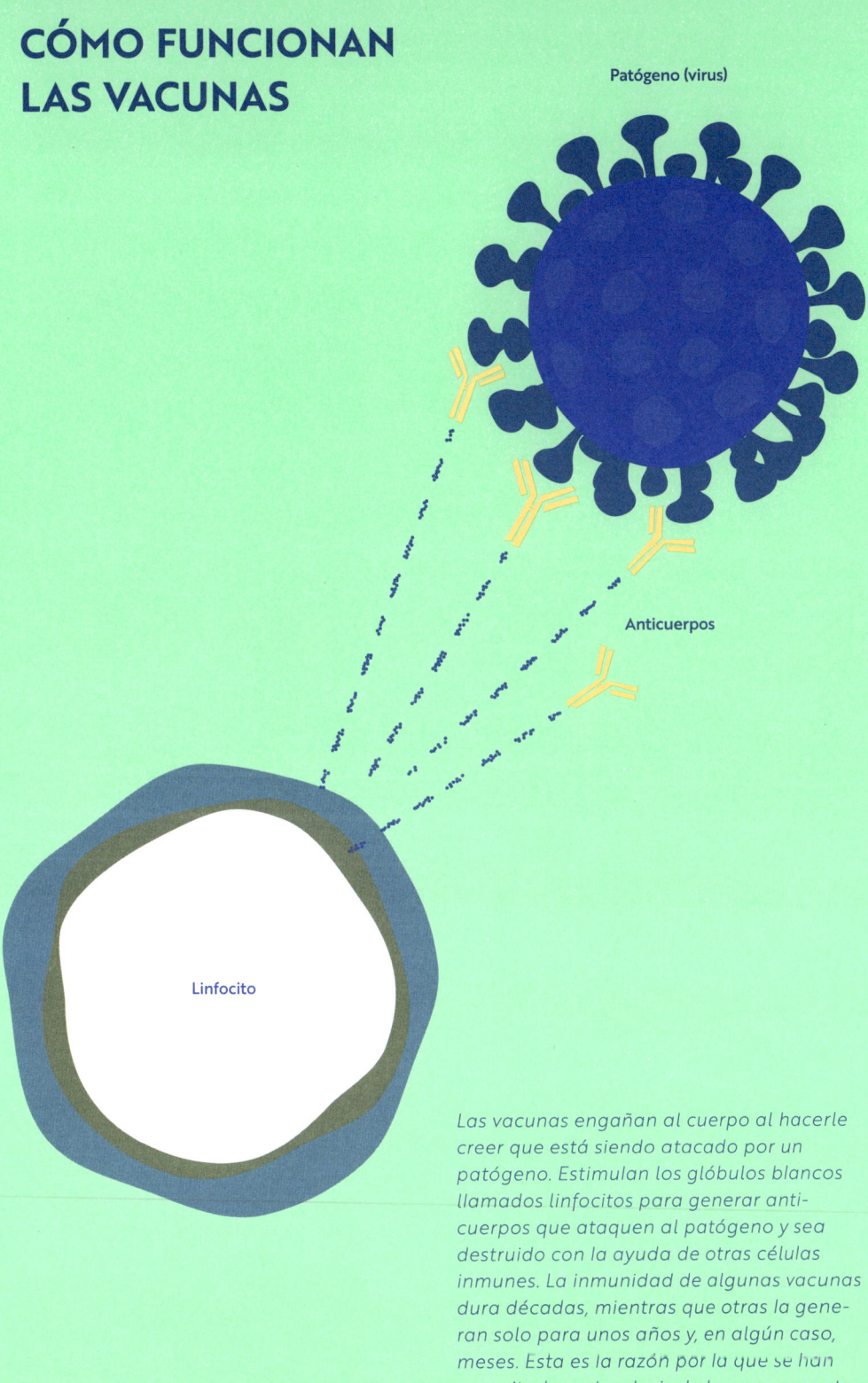

Patógeno (virus)

Anticuerpos

Linfocito

Las vacunas engañan al cuerpo al hacerle creer que está siendo atacado por un patógeno. Estimulan los glóbulos blancos llamados linfocitos para generar anticuerpos que ataquen al patógeno y sea destruido con la ayuda de otras células inmunes. La inmunidad de algunas vacunas dura décadas, mientras que otras la generan solo para unos años y, en algún caso, meses. Esta es la razón por la que se han necesitado varias dosis de la vacuna contra el COVID-19.

# ¿Es la epidemiología mala para la salud?

→ **La epidemiología es el estudio de la frecuencia con la que una enfermedad ataca a un grupo determinado de personas y de sus causas. Es buena para nuestra salud porque ayuda a los investigadores a identificar la causa de los trastornos y a descubrir la mejor manera de prevenirlos o controlarlos.**

Florence Nightingale será recordada por sus habilidades como enfermera, pero fue también una gran estadística. Cuando trabajaba en un hospital militar turco, sucio y abarrotado, durante la guerra de Crimea (1853-1856), estudió el número de muertes y sus características y concluyó que la mayoría de los soldados morían más por las enfermedades que contraían en el centro hospitalario que por las heridas sufridas en el campo de batalla. Una vez se implementaron medidas de higiene, presentó los datos para demostrar que la tasa de mortalidad disminuía de manera relevante. Así empezó la epidemiología moderna, que usa la estadística para gestionar y mejorar la salud pública.

En el mismo periodo, el médico inglés John Snow aplicó un planteamiento similar para rastrear un brote de cólera en el Soho de Londres. Al trazar un mapa de dónde se producían los casos, pudo demostrar que provenían de un único foco: una bomba de agua de Broad Street. Cuando la manija de la bomba se retiró, el contagio desapareció. Este hecho sentó las bases de la epidemiología moderna.

Hoy en día, la epidemiología ha ampliado sus horizontes mirando más allá de las enfermedades contagiosas y contemplando cualquier tipo de trastorno de salud. Por ejemplo, los estudios de asociación del genoma completo, que comparan el ADN entre poblaciones sanas y enfermas, han identificado factores genéticos de riesgo que predisponen a ciertas personas a desarrollar cáncer, enfermedades cardiacas y diabetes. Mientras tanto, los potentes algoritmos y la intensa actividad informática permiten a los investigadores analizar conjuntos de datos enormes, diversos y a menudo complejos, conocidos como *big data*, que sitúan la epidemiología en el centro de nuestros esfuerzos para entender y controlar la pandemia del COVID-19.

A medida que las olas de la enfermedad del coronavirus van y vienen, los estudios epidemiológicos ayudan a demostrar los beneficios de las vacunas, el distanciamiento social y otras medidas de salud pública, al tiempo que ayudan a los investigadores a anticipar el impacto de las nuevas variantes. En paralelo, las predicciones de los estudios que dibujan la propagación del virus, y los análisis de datos sobre infecciones y muertes, continúan marcando las decisiones políticas en todo el mundo.

# EL NÚMERO DE REPRODUCCIÓN

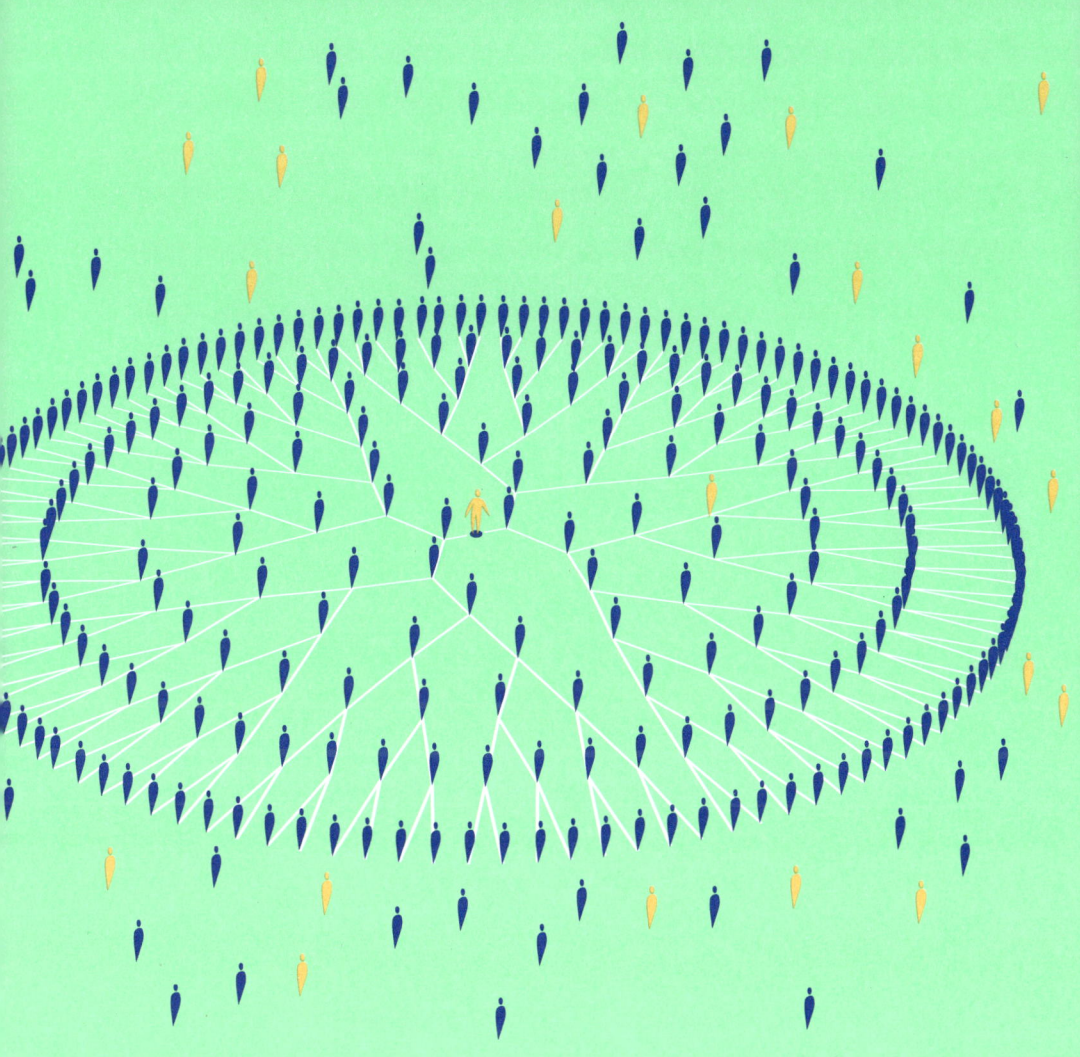

El número de reproducción, $R_0$, es un concepto fundamental en epidemiología. Se utiliza para describir la intensidad de un brote de una enfermedad infecciosa. Es la media del número de casos que cada persona infectada causará. Si un brote tiene un $R_0$ de dos, por ejemplo, significa que cada persona infectada contagiará a dos más, las cuales contagiarán a dos más, y así sucesivamente. Demuestra cómo un pequeño goteo de infecciones puede rápidamente convertirse en un diluvio.

# ¿Qué pasa cuando las medicinas no funcionan?

**→ Nada bueno. A medida que las bacterias se vuelven resistentes a los antibióticos que usamos para eliminarlas, las infecciones que eran tratables hasta ahora pueden convertirse en mortales.**

En el año 1928, el médico escocés Alexander Fleming dejó su laboratorio desordenado cuando se fue de vacaciones; sin duda, un descuido al que todos deberíamos estar agradecidos.

Cuando regresó, vio que en una de las placas de Petri que se había olvidado de limpiar había brotado moho, y que donde crecía el moho no crecían bacterias. El moho supuraba una sustancia que las mataba. Inicialmente, la llamó «jugo de moho» y, luego, penicilina. Se demostró efectiva contra todas las bacterias clasificadas como «grampositivas», entre ellas las responsables de enfermedades como la neumonía y el ántrax.

La penicilina demostró sobradamente su validez durante la Segunda Guerra Mundial, cuando los soldados corrían un alto riesgo de que se infectaran las heridas de batalla. La penicilina redujo la tasa de mortalidad en un 15 %, aproximadamente. Desde entonces, los antibióticos han allanado el camino para los trasplantes de órganos, la quimioterapia, las cesáreas y los innumerables procedimientos que ahora se realizan de forma rutinaria con un riesgo mínimo de infección. Han salvado millones de vidas y han incrementado veinte años la esperanza de vida en todo el mundo.

Sin embargo, cuando Fleming aceptó su Premio Nobel por el descubrimiento de la penicilina, en 1945, ya alertó sobre el aumento de la resistencia a ella. Esto no representó un gran problema antes de la década de 1990, porque cuando una infección se hacía resistente a un antibiótico, siempre había otro nuevo preparado. Pero esto ya no funciona. Algunas bacterias, como la *Staphylococcus aureus*, son resistentes a la meticilina y a otros muchos antibióticos. Se conocen como «superbacterias».

Cada vez hay más infecciones de difícil tratamiento. La Organización Mundial de la Salud considera la resistencia a los antibióticos una de las mayores amenazas para la salud mundial, la seguridad alimentaria y el desarrollo en general. Los científicos estiman que, hacia 2050, este factor podría ser la responsable de la muerte de diez millones de personas cada año.

Por tanto, ¿qué se puede hacer? Mientras los investigadores trabajan para desarrollar nuevos antibióticos, hay que utilizar los que ya tenemos con moderación, tanto en la agricultura como en la medicina humana, para ralentizar el aumento de la resistencia.

# EL AUMENTO DE LA RESISTENCIA

Imagine un gran pelotón de ciclistas, algunos con casco y otros sin él. Cuando se producen colisiones, los que no lo llevan tienen más probabilidades de morir, por lo que, con el tiempo, predominarán los corredores con casco. Del mismo modo, las bacterias que son resistentes a los antibióticos tienen ventaja y sobreviven a las que mueren por estos medicamentos que salvan vidas. De nuevo, con el tiempo, las bacterias resistentes a los antibióticos predominarán. La resistencia antibacteriana representa por tanto una gran preocupación que amenaza las décadas de progreso en la salud pública.

# ¿Cómo se reprograma una célula?

**→ La reprogramación celular se parece un poco a restaurar la configuración de fábrica de un teléfono móvil. Conseguir que las células adultas se rejuvenezcan es una gran esperanza para la medicina regenerativa, los tratamientos de fertilidad y el diseño de medicamentos.**

La reprogramación celular es la capacidad de los científicos de convertir células maduras especializadas, como las de la piel, en otras intermedias y versátiles, llamadas células madre, que se pueden dirigir para que se transformen en cualquier célula de elección.

A las personas aquejadas de la enfermedad de Parkinson o insuficiencia renal, por ejemplo, se les podría extraer una muestra de piel para generar nuevo tejido nervioso o renal, que luego se podría utilizar para reparar el órgano dañado. Una mujer con problemas de fertilidad podría utilizar esta técnica para generar óvulos para la fecundación *in vitro*. Incluso, debido a que las células están perfectamente adaptadas al paciente, la técnica se podría utilizar para decidir los tratamientos más adecuados. Suena genial, pero ¿cómo funciona?

Al principio, la reprogramación celular se conseguía mediante la clonación. En 1962, el científico británico John Gurdon demostró que las células especializadas del intestino de un renacuajo se podían reprogramar si se transfería su ADN a un óvulo vacío. La célula reconfigurada se comenzó a dividir y se convirtió en un renacuajo que era un clon del anfibio original.

Los científicos que realizaron experimentos similares con células de mamíferos se dieron cuenta de que estos embriones, clonados en una fase temprana, se podían utilizar como fuente de células madre para la medicina regenerativa. Sin embargo, se enfrentaron a un dilema ético: cuando se conseguían las células madre, el embrión se destruía.

El problema se resolvió en 2006, cuando al biólogo japonés y ganador del Premio Nobel Shinya Yamanaka se le ocurrió una manera de hacer células madre sin utilizar embriones. La solución consistía en añadir cuatro genes clave a células de piel de ratón cultivadas. Las llamó células madre pluripotentes inducidas, y desde entonces se han utilizado para generar muchos tipos de células, incluidas las del hígado, la sangre, el cerebro y el corazón. El método necesita mejoras y los ensayos clínicos están en estado embrionario (nunca mejor dicho), pero la reprogramación es una gran esperanza para el futuro de la medicina moderna.

# LA ESPERANZA DE LA MEDICINA REGENERATIVA

*La reprogramación celular se puede utilizar para generar células que son necesarias en la reparación de órganos y la detección de medicamentos.*

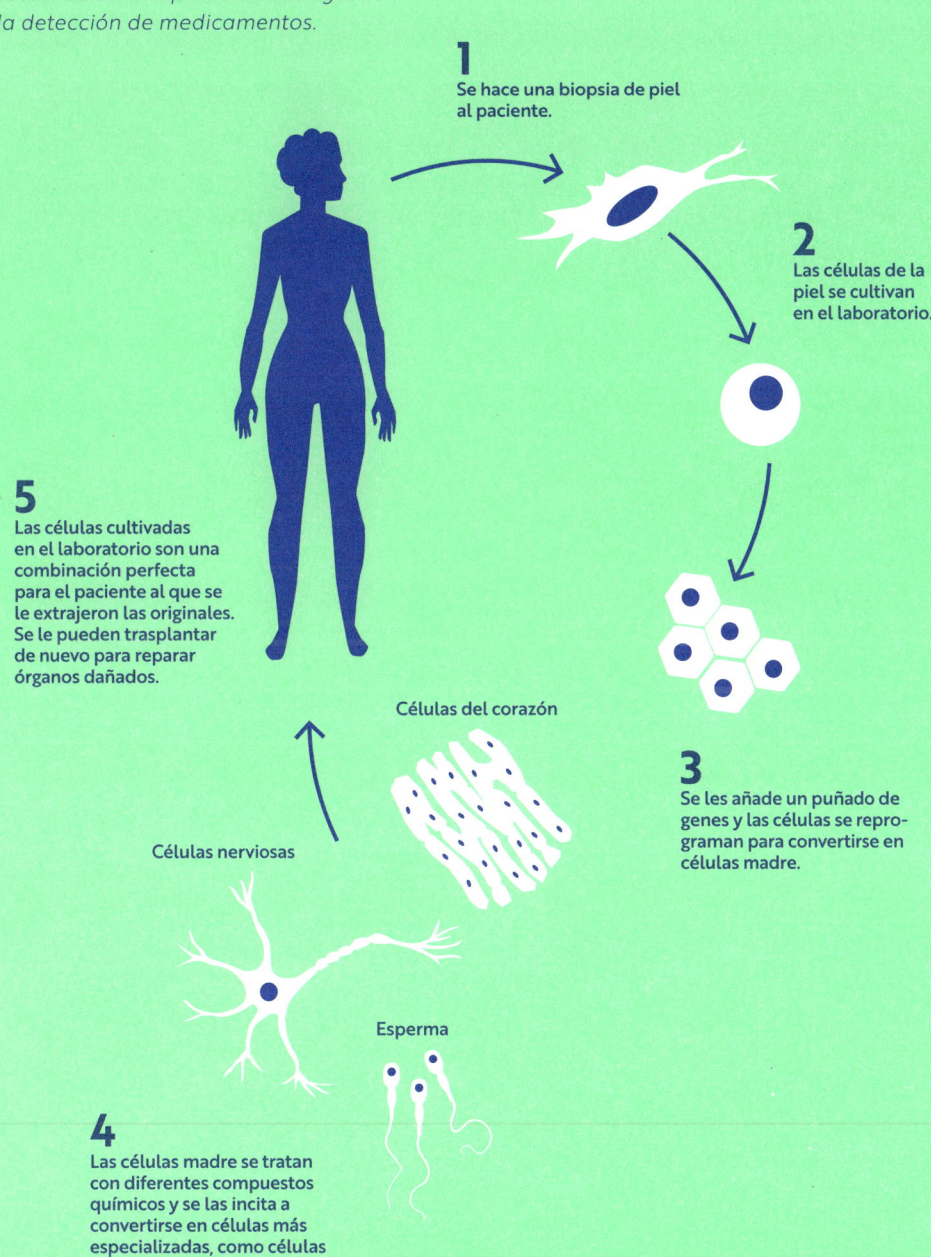

**1**
Se hace una biopsia de piel al paciente.

**2**
Las células de la piel se cultivan en el laboratorio.

**5**
Las células cultivadas en el laboratorio son una combinación perfecta para el paciente al que se le extrajeron las originales. Se le pueden trasplantar de nuevo para reparar órganos dañados.

Células del corazón

**3**
Se les añade un puñado de genes y las células se reprograman para convertirse en células madre.

Células nerviosas

Esperma

**4**
Las células madre se tratan con diferentes compuestos químicos y se las incita a convertirse en células más especializadas, como células del corazón, células nerviosas o espermatozoides.

# ¿Es buena o mala, la edición genética?

**——➤ De los alimentos modificados genéticamente a la cura de trastornos devastadores, pasando por el diseño de bebés y la resurrección biológica, los avances que promete la edición de genes son, cuanto menos, controvertidos. Pero ¿esto es bueno o malo? Corresponde a la sociedad decidir.**

En 2012, las biólogas Jennifer Doudna y Emmanuelle Charpentier demostraron que un sistema molecular simple, llamado CRISPR-Cas9, podía servir para cortar el ADN con precisión. Nunca antes se había alcanzado esta exactitud en la modificación o la «edición» de genes.

El CRISPR-Cas9 es más barato, fácil y versátil que los métodos anteriores, y permite a los investigadores añadir, eliminar o alterar secuencias específicas de ADN a voluntad reescribiendo eficazmente el código de la vida.

En solo una década, los investigadores han utilizado el CRISPR-Cas9 para hacer pollos resistentes a las enfermedades, ganado resistente al calor y ovejas con más lana. Han conseguido maíz resistente a la sequía, arroz de mayor rendimiento y patatas menos perecederas. El método se está testando para contribuir al control de la reproducción de especies invasoras problemáticas o para recuperar especies extintas, como el mamut lanudo.

Mientras tanto, en medicina, la técnica se está utilizando para desactivar genes dentro de las células, uno a uno, y así descubrir su función y crear mejores modelos para estudiar las enfermedades. Ya se ha utilizado como terapia en un número reducido de pacientes, y los resultados muestran una mejoría de los síntomas en aquellas personas con ciertos trastornos genéticos, como la anemia falciforme; hoy por hoy, se contempla como un tratamiento para enfermedades más comunes, como el cáncer.

La aplicación más controvertida, sin embargo, es la que implica el uso del CRISPR-Cas9 para alterar permanentemente el ADN de futuros descendientes. En 2018, el científico chino He Jiankui anunció el nacimiento de los primeros bebés CRISPR del mundo: unas gemelas diseñadas para ser resistentes al virus de la inmunodeficiencia humana (VIH). Su decisión de alterar la línea germinal humana, lo que significa que las modificaciones pasarán de generación en generación, desencadenó un movimiento de condena, y muchas personas consideraron que se había cruzado una línea ética. Los críticos señalaron que las repercusiones a largo plazo de tales alteraciones son desconocidas y pueden entrañar peligro. En 2020, un comité internacional de sociedades científicas concluyó que la técnica no está lista todavía para su aplicación en embriones humanos. ¿Cómo cambiarán las cosas en el futuro? Solo el tiempo lo dirá.

# REESCRIBIENDO EL CÓDIGO DE LA VIDA

El CRISPR-Cas9 es una técnica que permite a los científicos reescribir con precisión el código de vida, es decir, el ADN. Se ha comparado con un par de tijeras moleculares guiadas por un pequeño navegador por satélite. Los genes se pueden alterar, eliminar o agregar, y el ADN de una especie puede incluso añadirse al genoma de otra.

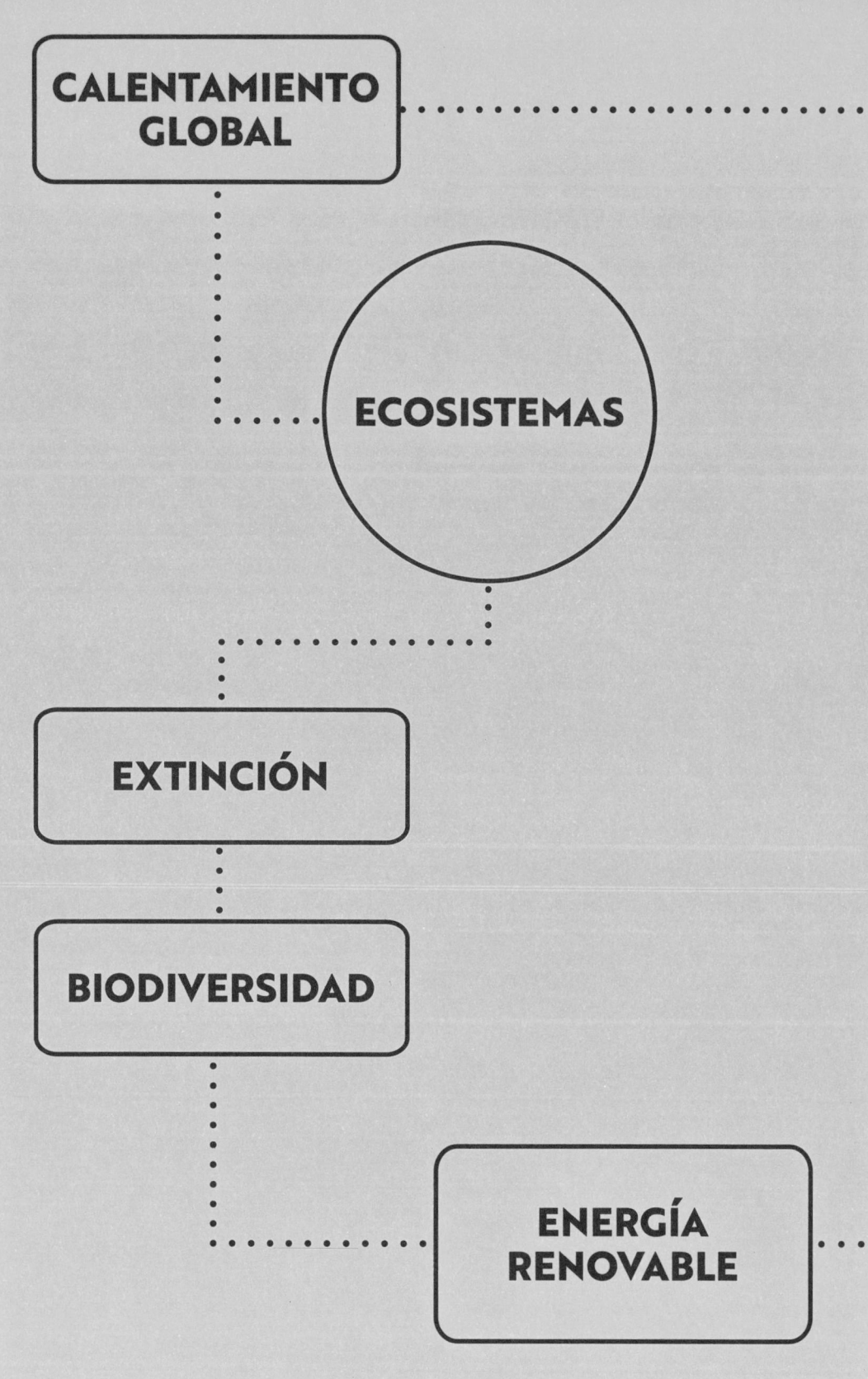

# CAPÍTULO 7

# MUNDOS

EXOPLANETA

ECUACIÓN
DE DRAKE

VIDA
EXTRATERRESTRE

# INTRODUCCIÓN

**A** medida que los biólogos profundizan en los misterios moleculares de la vida, otros científicos enfocan hacia el exterior para ofrecer una visión más holística de la Tierra y sus habitantes. El estudio de la vida a escala planetaria puede mostrar cómo las especies interactúan dentro de una ecoesfera y cómo a veces una sola de ellas puede afectar a todo el mundo.

Piense en el **CALENTAMIENTO GLOBAL**, generado por las emisiones de dióxido de carbono, metano y otros **GASES DE EFECTO INVERNADERO** (*véase* pág. 124). Salvo que limitemos estas emisiones, el **CAMBIO CLIMÁTICO** desencadenará un crecimiento del número de fenómenos meteorológicos extremos, como olas de calor o inundaciones, desplazando potencialmente a millones de personas y sometiendo los **ECOSISTEMAS** a una tensión enorme. Un buen ejemplo de lo que el cambio climático extremo puede llegar a producir lo encontramos en la **EXTINCIÓN** pérmico-triásica, un episodio de calentamiento global natural que tuvo lugar hace 252 millones de años y aniquiló alrededor del 90 % de todas las especies.

Las especies dependen unas de otras para su supervivencia. Los depredadores necesitan a su presa, los insectos polinizan flores, y así sucesivamente. Esta variedad esencial de la vida se llama **BIODIVERSIDAD**, y desde hace tiempo vive un declive alarmante (*véase* pág. 126). Los científicos estiman que un millón de especies podrían extinguirse en las próximas décadas.

Buena parte de la pérdida de biodiversidad es debida a actividades como la tala, la agricultura y la pesca. Cada vez hay más personas sensibilizadas con el hecho de que derrochar los recursos de la Tierra es algo insostenible, y muchas argumentan que hay que poner límites a una economía basada en la explotación de sus recursos finitos (*véase* pág. 128). Esto estimula los esfuerzos para cambiar nuestro estilo de vida derrochador y perseguir una **ECONOMÍA CIRCULAR** que conserve los preciados recursos de nuestro planeta. La **ENERGÍA RENOVABLE**, por ejemplo, podría desempeñar un gran papel en esta transición (*véase* pág. 130).

La Tierra es un lugar muy especial, pero probablemente sea solo uno de los billones de planetas que salpican nuestra galaxia. Durante siglos, los astrónomos solo conocían los planetas que orbitan nuestro propio Sol. Pero, en 1992, detectaron el primer **EXOPLANETA** (un mundo que gira alrededor de una estrella distante), y desde entonces han detectado más de 5000 exoplanetas diferentes (*véase* pág. 132).

¿Podría alguno de ellos albergar vida inteligente? Si existen alienígenas en otros planetas, no hemos sabido de ellos todavía. Pero los científicos involucrados en la búsqueda de inteligencia extraterrestre están intentando interceptar transmisiones alienígenas. Una manera de evaluar las posibilidades de esta opción es la **ECUACIÓN DE DRAKE**, una fórmula que sirve para estimar cuántas sociedades tecnológicamente avanzadas pueden existir en planetas habitables a lo largo de la galaxia (*véase* pág. 134). No hay acuerdo sobre la respuesta; actualmente, las estimaciones varían de uno (sí, el nuestro) a millones de ellos. Pero la ecuación ayuda a guiar a los astrónomos hacia los lugares donde podría existir vida extraterrestre.

Es posible que la sociedad de algún exoplaneta ya conozca la existencia de la civilización humana. Pero, tal vez, visto el impacto negativo que ejercemos sobre nuestro propio planeta, haya decidido callar por ahora.

# EL MAPA DE LOS MUNDOS

## CONTAMINACIÓN

### GASES DE EFECTO INVERNADERO

Gases emitidos de manera natural o por fuentes de actividad humana que atrapan el calor en la atmósfera terrestre: incluyen el dióxido de carbono y el metano.

### COMBUSTIBLES FÓSILES

Materiales naturales que contienen hidrógeno y carbono (creados a partir de la descomposición de plantas y animales enterrados) y que producen energía al ser quemados: incluye el carbón, el petróleo y el gas natural.

### ENERGÍA RENOVABLE

Energía generada a partir de fuentes que no son finitas, como la energía solar, la energía eólica y la energía hidroeléctrica del agua en movimiento.

### CALENTAMIENTO GLOBAL

Aumento de las temperaturas en la Tierra debido a la emisión de gases en la atmósfera. Generalmente, se refiere al calentamiento climático desde la época preindustrial.

### CAMBIO CLIMÁTICO

Cambios a largo plazo en la temperatura de la Tierra y en los patrones climáticos debidos al calentamiento global. Se predice que provocará el incremento del nivel del mar y la frecuencia y la gravedad de las tormentas, inundaciones y sequías.

### MEDIO AMBIENTE

Entorno o condiciones en los que vive un organismo, o la combinación de todos los componentes vivos e inertes de nuestra Tierra, incluidos el aire, el agua, las plantas y los animales.

### LÍMITES AL CRECIMIENTO

Estudio de 1972 que demuestra que la expansión económica continua es insostenible ambientalmente.

### ECONOMÍA CIRCULAR

Planteamiento de circuito cerrado para la producción y el consumo, diseñado para evitar residuos mediante la reutilización, la reparación, la renovación, el reciclaje y la práctica de compartir y alquilar.

### EXOPLANETA

Cualquier planeta fuera de nuestro sistema solar.

# ECOLOGÍA

**PUNTO DE INFLEXIÓN**
Cualquier umbral en un sistema más allá del cual es imposible revertir su estado o detener un cambio.

**EXTINCIÓN**
Muerte de todos y cada uno de los miembros de una especie.

**ECOSISTEMA**
Grupo de organismos y sus entornos físicos que interactúan entre sí en una «burbuja geográfica».

**BIODIVERSIDAD**
Variedad de toda la vida de la Tierra, incluidos los animales, las plantas, los hongos y microorganismos como las bacterias y las amebas.

**CADENA ALIMENTARIA**
Serie de organismos vinculados por la dependencia como fuente de alimentación, empezando por los que fabrican su propio alimento, como las plantas.

**ESPECIES INVASORAS**
Especies no autóctonas que perjudican un nuevo entorno en el que han sido introducidas por los humanos (a propósito o de forma accidental), generalmente debido a la superpoblación.

# ALIENÍGENAS

**ZONA «RICITOS DE ORO»**
Región del espacio alrededor de una estrella donde las condiciones indican la posible existencia de agua en un exoplaneta que podría generar formas de vida.

**BUSQUEDA DE VIDA INTELIGENTE**
Búsqueda de inteligencia extraterrestre en otros planetas de nuestra galaxia, habitualmente mediante el análisis de señales electromagnéticas del espacio.

**ECUACIÓN DRAKE**
Método ideado por el astrónomo Frank Drake para determinar cuántos exoplanetas de la Vía Láctea podrían albergar civilizaciones tecnológicamente avanzadas.

# ¿El calentamiento global puede destrozar el planeta?

→ Si por «destrozar» se entiende «provocar que toda la vida de un planeta se extinga», entonces la respuesta es «sí». El registro fósil es la prueba de que ha habido extinciones masivas en el pasado.

La extinción pérmico-triásica de hace 252 millones de años erradicó alrededor del 90 % de las especies de la Tierra. Es casi seguro que fue causada por una oleada de calentamiento global y el consiguiente aumento de dióxido de carbono ($CO_2$) atmosférico liberado por erupciones volcánicas de la actual Siberia. El $CO_2$ es uno de los numerosos gases que crean el efecto invernadero, formando una barrera atmosférica que impide la pérdida de calor.

Aquello fue un acontecimiento natural que se produjo en el transcurso de millones de años. Pero hoy, la mala noticia es que el calentamiento actual es casi diez veces más rápido y está causado por la actividad humana, como la quema de combustibles fósiles y la deforestación. Esto produce más $CO_2$ y otros gases de efecto invernadero como el óxido de nitrógeno. Si esto no se detiene, los fenómenos climáticos extremos (tormentas, olas de calor, inundaciones) empeorarán. Los casquetes polares y los glaciares se derretirán, igual que el permafrost (con la consiguiente liberación de más carbono). El nivel del mar crecerá y la desertificación aumentará, lo que significa que la extinción en masa está a décadas de distancia, si es que no ha comenzado.

En última instancia, con la destrucción de la cadena alimentaria llegará la hambruna, lo que causará el exterminio de la vida. Cuando la base de la cadena alimentaria (insectos, kril o plancton) muere por los cambios ambientales, también perecen los animales grandes que se alimentan de los pequeños. Los científicos del clima predicen que esto podría comenzar a ocurrir con un calentamiento de solo 1,5 °C por encima de los niveles preindustriales, cosa que podría suceder en 2050. Actualmente, el mundo ya se ha calentado 1,2 °C.

Una vez alcanzado el punto de inflexión (el momento en que los cambios pequeños causan otros profundos e irreversibles), el cambio climático es imparable. Este punto puede llegar si nos situamos solo 2 °C por encima de los niveles preindustriales.

El fin de la vida llegará en forma de colapso de los ecosistemas, contaminación galopante, escasez de agua dulce, muerte de los bosques y destrucción de tierras de cultivo por la migración, las plagas o las sequías. Los mares se calentarán, les faltará oxígeno y se acidificarán. Surgirán enfermedades nuevas o latentes. Los golpes de calor serán comunes y la migración humana constante y masiva, lo que conducirá al colapso económico.

Los estudios evolutivos indican que la mayoría de las especies no se adaptarán a tiempo a estos cambios como para contrarrestarlos. El futuro de la humanidad pende de un hilo si no se actúa a tiempo.

# ECOSISTEMA EN COLAPSO

El aumento del $CO_2$ atmosférico se detectó por primera vez hace 120 años. Décadas después, el químico Charles Keeling confirmó que la actividad humana estaba causando el incremento de los niveles de este potente gas de efecto invernadero. En 1988, se creó el Grupo Intergubernamental de Expertos sobre el Cambio Climático para coordinar la investigación en este campo. Pero, desde entonces, la humanidad en su conjunto ha prestado poca atención a las señales de advertencia sobre el recalentamiento del planeta, ya sea por falta de acuerdos internacionales sobre la emisión de gases de efecto invernadero o por ignorar el tema por completo.

El nivel del mar podría aumentar alrededor de 75 cm este siglo.

La expansión térmica del agua contribuye un 42 % al aumento del nivel del mar.

Los siete años más cálidos de la historia se han dado desde 2015.

# ¿Cuán diversa es nuestra biodiversidad?

**━━▶ No tan diversa como debiera. La vida en la Tierra requiere una gran diversidad de organismos que ayuden a crear y mantener los ecosistemas que proporcionan elementos vitales como el agua dulce, los alimentos y los medicamentos.**

La biodiversidad es la variedad de toda la vida en la Tierra, incluidos animales, plantas, hongos y microorganismos como bacterias y amebas. Interactúa con su entorno físico y se adapta y encaja con él, tan bien como puede, para formar ecosistemas. Los manglares, por ejemplo, ayudan a prevenir la erosión y amortiguan los daños causados por las tormentas. Las selvas tropicales albergan millones de especies que captan el carbono del interior de los árboles que crecen en la zona y liberan oxígeno al aire para que todos podamos respirar. Estos beneficios, sin embargo, no provienen de una sola especie, sino de la interacción entre diferentes especies. Dicho de otro modo, necesitamos biodiversidad.

Aunque una tasa de extinción es inevitable, actualmente los números están aumentando de forma alarmante. Las especies desaparecen entre 1000 y 10 000 veces más deprisa de lo que los científicos habían observado hasta hace poco tiempo. Se estima que alrededor de un millón de especies podrían extinguirse en las próximas décadas, incluido el 40 % de anfibios, el 33 % de los corales de los arrecifes, el 34 % de coníferas, el 31 % de tiburones y rayas, el 25 % de mamíferos y el 14 % de aves. La biodiversidad está en franco declive.

Los científicos debaten las posibles repercusiones. Algunos sostienen que cuando los ecosistemas superan un punto de inflexión, se desmoronan. Otros argumentan que la Tierra ha sobrevivido a extinciones masivas en el pasado y que la vida se recuperará. Pero esto podría tardar decenas de miles de años. Por tanto, ¿qué hay que hacer?

Parte del problema lo hemos creado nosotros. El cambio climático está dificultando la supervivencia de muchas plantas y animales. La tala, la caza y la pesca están diezmando especies silvestres, igual que la agricultura intensiva y la propagación de los problemas que causan las especies invasoras. Grupos internacionales de expertos trabajan juntos para intentar revertir esta tendencia. Al mismo tiempo, los individuos también debemos actuar, y ello pasa por liberar suelo para la naturaleza, consumir más vegetales y comer carne de animales alimentados en pastos, con sistemas orgánicos y cría al aire libre.

# LOS PELIGROS DE LA PÉRDIDA DE BIODIVERSIDAD

Un ecosistema está constituido por una comunidad de seres vivos y el medio natural en que viven. Podemos imaginar los ecosistemas como una gran torre de ladrillos, en la que cada uno representa un componente importante del conjunto, como plantas y animales específicos. Si se quitan o se mueven algunos ladrillos, la torre se sostiene, pero, si la alteración o el daño es permanente, llega un momento en que la torre se derrumba. No podemos permitirnos el lujo de perder múltiples especies, de lo contrario perderemos también los ecosistemas enteros.

# ¿Cuáles son los límites del crecimiento?

**➡ En 1972, el estudio «Los límites del crecimiento» demostró que la expansión económica infinita es ambientalmente insostenible. Entonces fue una afirmación muy controvertida, pero hoy las conclusiones parecen obvias, y se aboga por el ecologismo y el concepto de la «economía circular».**

A principios de la década de 1970, cada vez más científicos alertaban sobre las probables consecuencias en el medio ambiente de una economía global que llegaba a toda velocidad. Estas preocupaciones cristalizaron en un informe muy influyente llamado «Los límites del crecimiento», que había sido encargado por el Club de Roma, un foro global de políticos, científicos, economistas y empresarios.

El informe se centraba en el estudio de la influencia de factores como el crecimiento demográfico, el consumo de recursos naturales y la contaminación en nuestro mundo futuro. Marcó un hito en la utilización temprana de simulaciones por ordenador para extrapolar cómo afectan las variables clave en los resultados globales.

Los resultados arrojaron un panorama sombrío. El informe decía que si la sociedad continuaba con su trayectoria de entonces, esa espiral de consumo sobrepasaría la capacidad de recursos de la Tierra en el plazo de un siglo. El resultado sería un colapso repentino y global de la civilización humana. Dicho de otro modo, la economía no podía seguir creciendo indefinidamente en un planeta finito.

El informe recibió muchas críticas y fue tachado de disparate alarmista. Se dijo que los datos subyacentes del informe eran defectuosos, que las simulaciones por ordenador eran demasiado simplistas e incluso que los autores obedecían a una siniestra agenda anticapitalista.

Sin embargo, con el paso del tiempo, «Los límites del crecimiento» se reveló como notablemente profético, en la medida en que el daño de los humanos sobre el medio ambiente se hacía cada vez más evidente. El informe, publicado en forma de libro, se convirtió en un éxito de ventas y en una lectura influyente para el creciente movimiento de conciencia ambiental. Más recientemente, sofisticados modelos informáticos han repetido los análisis del informe y han apoyado sus conclusiones generales.

Cincuenta años después, existen pruebas evidentes de que estamos tensionando al máximo el soporte vital de la Tierra. La contaminación, el agotamiento de los recursos y el cambio climático son temas prioritarios que requieren una inmediata atención mundial.

Sin embargo, junto a los pronósticos fatales y oscuros, «Los límites del crecimiento» contenía también algunas conclusiones esperanzadoras. Afirmaba que para llevar las riendas del consumo, debemos ser capaces de alterar nuestra trayectoria de crecimiento avaricioso y alcanzar una estabilidad económica y ecológica. Depende de nosotros.

# UNA ECONOMÍA CIRCULAR

Nuestra economía se describe como «lineal»: los recursos naturales se utilizan para fabricar productos que finalmente se convierten en residuos, un procedimiento que agota la capacidad de la Tierra para sustentar la vida humana. El estudio titulado «Los límites del crecimiento» estimuló a los investigadores a buscar modelos económicos alternativos, entre los que se halla la llamada economía circular. En este modelo, los productos que han alcanzado el final de su vida útil se reutilizan, renuevan o reciclan en procesos impulsados por energías renovables (véase pág. 130). Esto no únicamente minimiza los residuos, sino que también reduce la cantidad de materias primas necesarias para producir nuevos bienes.

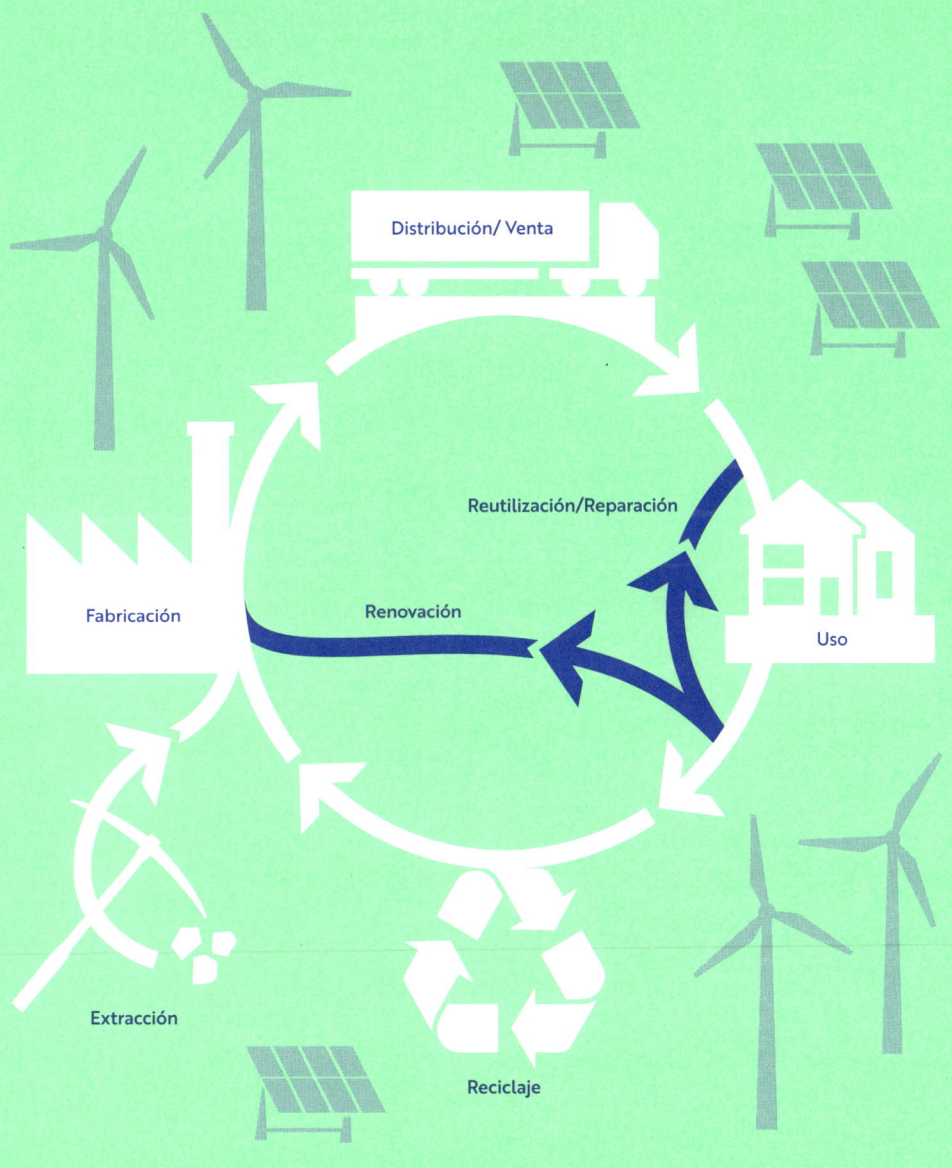

Distribución/ Venta

Reutilización/Reparación

Fabricación

Renovación

Uso

Extracción

Reciclaje

# ¿Cómo hay que renovar la energía de la Tierra?

**→ La hidroelectricidad, el viento, el sol, los biocombustibles, la energía geotérmica y la energía mareomotriz son fuentes de energía renovables que podrían frenar la dependencia de los combustibles fósiles, y así alimentar el planeta de una manera más sostenible.**

El mundo moderno se alimenta, en gran medida, de combustibles fósiles como el carbón, el petróleo y el gas. El petróleo se refina para hacer combustible para el trasporte, como gasolina y combustible de aviación. Las calderas de gas calientan nuestros hogares. Y las centrales eléctricas queman estos hidrocarburos para generar electricidad.

El problema es que liberar la energía encerrada en combustibles fósiles produce grandes cantidades de dióxido de carbono ($CO_2$), un gas de efecto invernadero que resulta fatal para el clima (*véase* pág. 124).

Esa es una de las principales razones por las que el mundo se está apresurando para obtener su energía de fuentes energéticas renovables, desde el sol y el viento hasta los cultivos que se pueden convertir en combustible. La energía solar y eólica nunca se acaban, y hay un aspecto crucial: ninguna de las dos emite directamente $CO_2$. Los combustibles fósiles contaminan el aire cuando se queman, por lo que las energías renovables también pueden ayudarnos a respirar mejor.

En 2020, las energías renovables suministraron más del 28 % de la electricidad mundial. La mayoría de ella proviene de paneles solares, turbinas eólicas y plantas de energía hidroeléctrica.

La instalación de placas solares era antes una inversión cara. Pero con la fabricación en serie y las mejoras tecnológicas, los costes han disminuido sustancialmente. Entre 2010 y 2020, el coste para generar electricidad con placas solares se abarató un 82 % como promedio. En lugares soleados, hoy en día las placas producen electricidad más barata que las centrales eléctricas de carbón.

Así es como funcionan. La mayoría de las células solares incorporan un semiconductor llamado silicio. Cuando la luz incide en este material, agita un electrón en la estructura cristalina del silicio, dejando atrás un «agujero» cargado positivamente. Los electrones viajan a un electrodo, mientras los agujeros van al electrodo opuesto. En conjunto, este flujo de carga genera corriente eléctrica.

Por desgracia, la energía solar y eólica no son muy útiles en una noche sin viento. Así pues, necesitamos diferentes formas de almacenar energía renovable, ya sea a base de baterías grandes o depósitos hidroeléctricos.

A pesar de que la capacidad de la electricidad renovable crece aproximadamente un 7 % cada año, todavía supone solo alrededor de la mitad del incremento previsto en la demanda mundial de energía. Aunque son muy beneficiosas, las energías renovables no son ninguna panacea, de manera que también tenemos que frenar nuestro creciente consumo de energía (*véase* pág. 128).

# CONSUMO ENERGÉTICO MUNDIAL

Las energías renovables pueden suministrar electricidad limpia que debería ayudarnos a disminuir la contaminación originada por los combustibles fósiles. Pero es importante recordar que la electricidad solo representa alrededor del 22 % del total de la energía mundial. Así, mientras se implementan las energías renovables, también necesitamos electrificar el transporte, la industria pesada y otros sectores de alto consumo energético (que dependen de la quema directa de combustibles fósiles) para que también puedan beneficiarse de la revolución de las energías renovables.

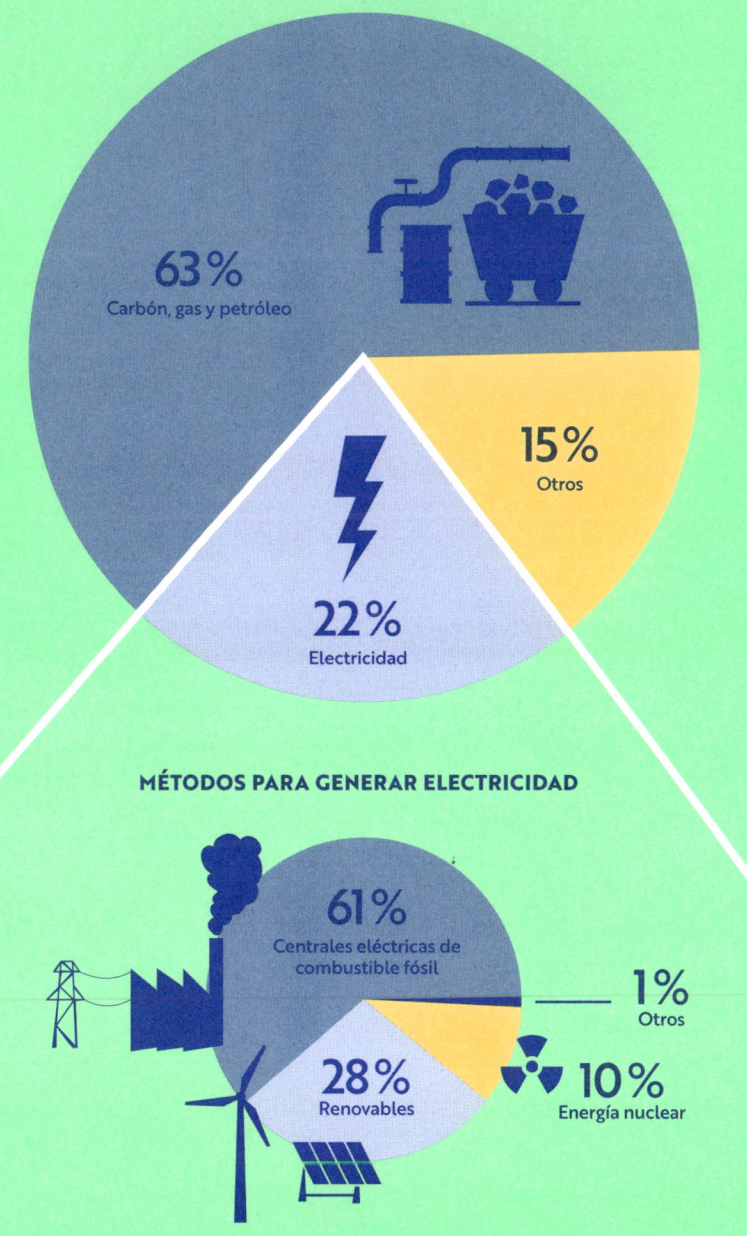

**63 %**
Carbón, gas y petróleo

**15 %**
Otros

**22 %**
Electricidad

## MÉTODOS PARA GENERAR ELECTRICIDAD

**61 %**
Centrales eléctricas de combustible fósil

**1 %**
Otros

**28 %**
Renovables

**10 %**
Energía nuclear

# ¿Podría Ricitos de Oro llevarnos hasta los extraterrestres?

→ **Es posible. Algunos exoplanetas se ubican en la llamada «zona Ricitos de Oro», no tan próximos a una estrella como para que se evapore el agua ni tan lejos como para que se congele (piense en «Ricitos de oro» comiendo gachas). Y, donde hay agua líquida, puede haber vida extraterrestre.**

Nuestro sistema solar consta de ocho planetas, desde el pequeño y quemado Mercurio al gigante de hielo Neptuno. Pero, más allá de nuestro patio cósmico, hay cientos de miles de millones de estrellas en la Vía Láctea y quizás 2 billones de galaxias en el universo. Esto es un montón de estrellas, y muchas de ellas están rodeadas por mundos lejanos llamados exoplanetas.

En el siglo XVI, el filósofo italiano Giordano Bruno especuló con que las estrellas podrían tener sus propios sistemas planetarios. No obstante, no fue hasta 1992 que los astrónomos confirmaron por primera vez la existencia de un exoplaneta. Desde entonces, han ido apareciendo con frecuencia y abundancia: se han llegado a contabilizar más de 5000. Los astrónomos han encontrado algunos exoplanetas midiendo el tambaleo que experimentan sus estrellas mientras orbitan. Otros exoplanetas quedan al descubierto cuando la luz de su estrella se atenúa ligeramente al pasar por su cara. Telescopios de alta precisión incluso han sido capaces de ver algunos

exoplanetas directamente. La mayoría de los primeros descubrimientos de exoplanetas fueron lo que se conoce como «júpiter calientes», planetas gigantes de gas que orbitan cerca de sus estrellas. Pero, a medida que los cazadores de exoplanetas mejoraban sus técnicas y usaban mejores equipos, como el telescopio espacial Kepler, comenzaron a encontrar planetas más rocosos, similares a la Tierra.

El telescopio espacial James Webb de la NASA ha abierto una nueva ventana a estos mundos. Estudia la luz infrarroja que brilla a través las atmósferas de los exoplanetas, buscando moléculas que podrían formar los componentes básicos de la vida (*véase* pág. 22). También está aportando información nueva sobre cómo los planetas nacen de primigenios discos de polvo y gas formados alrededor de las estrellas jóvenes.

Si observamos las profundidades del espacio, todavía podemos aprender más sobre los orígenes de nuestro planeta, o incluso descubrir que no estamos solos.

# LA ZONA «RICITOS DE ORO»

← Demasiado frío   Punto justo   Demasiado frío →

En el clásico cuento de hadas infantil, *Ricitos de Oro* elige el tazón de gachas del oso pequeño porque no está ni demasiado caliente ni demasiado frío: está en el punto «justo». Ahora ella presta su nombre a la zona «*Ricitos de Oro*», el espacio que rodea una estrella en el que un exoplaneta en órbita está a la distancia justa para tener una temperatura como la del agua líquida y donde, por tanto, podría existir vida.

# ¿Hay alguien ahí afuera?

**→ Si hay alguien, permanece en silencio. Pero el universo es tan vasto que muchos científicos creen que debe haber vida inteligente en otros planetas. La ecuación de Drake ofrece una manera de calcular si algún día sabremos algo de ellos.**

Los científicos de la NASA creen que podría haber hasta 300 millones de exoplanetas habitables en nuestra galaxia, la Vía Láctea. Pero ¿cuántos de ellos podrían albergar civilizaciones extraterrestres capaces de comunicarse? En 1961, el astrónomo Frank Drake ideó un método para aproximarse al cálculo.

La ecuación de Drake contempla siete factores, como la frecuencia con que la vida puede aparecer en un planeta habitable y las posibilidades de que vaya evolucionando hacia una sociedad tecnológicamente avanzada. Aunque la ecuación no tiene solución, algunas estimaciones sugieren que podría haber miles de civilizaciones así en nuestra galaxia.

A pesar de sus incertidumbres inherentes, la ecuación de Drake ofreció a los científicos un mapa de ruta para explorar cuestiones alrededor de la existencia de vida en otros puntos del universo, lo que alentó la búsqueda de inteligencia extraterrestre (SETI, search for extraterrestrial intelligence).

Los investigadores de SETI suelen utilizar telescopios para escuchar transmisiones alienígenas, aunque no han detectado ninguna señal convincente hasta el momento. Así que si el universo está supuestamente lleno de mundos habitables, ¿por qué no sabemos nada de ellos? Esto se conoce como la paradoja Fermi, a partir del nombre del físico Enrico Fermi, quien señaló la anomalía. Quizá significa que la vida inteligente es mucho más extraña de lo que pensamos, o que las civilizaciones a menudo se queman antes de que puedan desarrollar comunicación interestelar.

Más cerca de casa, varias sondas espaciales han trasladado equipos que podrían encontrar rastros químicos de formas de vida más simples en otros mundos. En 1976, un par de naves vikingas aterrizaron en Marte y realizaron experimentos en busca de señales de vida, pero los resultados fueron, cuanto menos, ambiguos. Desde entonces, otras misiones han encontrado actividad en Marte (olor de metano, por ejemplo), pero esto lo podría explicar más la geología que la biología. En la próxima década, se preparan sondas espaciales para buscar señales de vida en Europa y Titán, las lunas que orbitan Júpiter y Saturno, respectivamente.

Hacer este tipo de análisis químicos en otros planetas es una tarea complicada. El róver *Perseverance* de la NASA está recopilando muestras de rocas de Marte que llegarán a la Tierra en la década de 2030, y se espera que ofrezcan a los científicos una gran oportunidad de encontrar signos de vida extraterrestre.

# MENSAJE INTERESTELAR EN UNA BOTELLA

Las ondas de radio no son la única manera de enviar mensajes al espacio. A principios de la década de 1970, las sondas espaciales Pioneer 10 y 11 viajaron con unas placas en las que se había grabado un mapa que muestra la ubicación de nuestro sistema solar y el lugar que ocupamos dentro de él, junto con un dibujo de un hombre y una mujer desnudos. En 1977, se lanzaron dos sondas Voyager, cada una con un disco de oro que contenía grabaciones musicales, saludos y otros sonidos de la Tierra (junto con instrucciones que pretendían explicar a los DJ extraterrestres cómo hacerlos funcionar). Ahora, la nave Voyager ha abandonado nuestro sistema solar, llevando consigo varios mensajes para los potenciales habitantes del espacio interestelar.

**REVOLUCIÓN TECNOLÓGICA**

**MÉTODO CIENTÍFICO**

**SISTEMA INTERNACIONAL DE UNIDADES**

**TEORÍA DE LA INFORMACIÓN**

# CAPÍTULO 8

# INFORMACIÓN

## ORDENADORES CUÁNTICOS

## TEORÍA DEL CAOS

## TEORÍA DE JUEGOS

## APRENDIZAJE AUTOMÁTICO

# INTRODUCCIÓN

**C**omo hemos visto, la ciencia explica de manera brillante cómo funcionan las cosas. Pero ¿cómo funciona la ciencia?

La ciencia empieza con una observación de un hecho que apenas se puede explicar. Los científicos elaboran una hipótesis sobre cómo puede haberse producido este suceso extraordinario y conciben un experimento para comprobar su idea. Esta combinación de observación, hipótesis y experimentación se instauró en la **REVOLUCIÓN CIENTÍFICA** de los siglos XVI y XVII y sentó los fundamentos procedimentales de la ciencia (*véase* pág. 142).

Al contrario de lo que suele decirse, no existe un único **MÉTODO CIENTÍFICO**; pero sea como sea, la ciencia siempre se basa en mediciones cuidadosas. Los científicos tratan de reproducir experimentos anteriores, por lo que resulta esencial aplicar un sistema de medidas acordado que garantice que los resultados son comparables. Este marco es el **SISTEMA INTERNACIONAL DE UNIDADES** (*véase* pág. 144). Para definir las cantidades estándar, antes se dependía de los objetos, pero en la actualidad los científicos parten de las constantes fundamentales de la naturaleza, como la velocidad de la luz en el vacío, para establecer estas medidas.

La información es un ingrediente esencial de la ciencia y, al mismo tiempo, domina cada vez más nuestra vida cotidiana. Las enormes cantidades de datos que circulan por todo el mundo se transmiten, en gran medida, de forma digital, con mensajes codificados en series de unos y ceros conocidos como bits. La **TEORÍA DE LA INFORMACIÓN** ayuda a los ingenieros a encontrar nuevos caminos para introducir cada vez más datos en los canales de comunicación y almacenar esa información en chips y discos magnéticos (*véase* pág. 146).

La teoría de la información ofrece una aproximación al estudio de sistemas increíblemente complejos. Otra es la **TEORÍA DEL CAOS**, basada en la idea de que hacer pequeños cambios en un sistema complejo (como los patrones climáticos de la Tierra) puede ofrecer resultados drásticos e inesperados (*véase* pág. 148). Una tercera mirada a la complejidad surge de la **TEORÍA DE JUEGOS**, que describe cómo el conflicto, la cooperación y la toma de decisiones intervienen en áreas tan diversas como la evolución y la economía (*véase* pág. 150).

También podemos usar la información para entrenar ordenadores, perfeccionando sus habilidades para que sean mejores en el juego del ajedrez o en la detección de problemas en exploraciones médicas. Esto se llama **APRENDIZAJE AUTOMÁTICO** y funciona vertiendo muestras de datos en un ordenador hasta que la máquina comienza a detectar conexiones recurrentes entre acciones y resultados (*véase* pág. 152). El ordenador establece conexiones de causa y efecto, de manera que «aprende» a predecirlas en el futuro.

Los **ORDENADORES CUÁNTICOS** podrían impulsar el aprendizaje automático y muchas otras áreas de la informática (*véase* pág. 154). Mientras que los ordenadores convencionales se basan en bits binarios, los cuánticos procesan información que se almacena en los estados cuánticos de las partículas subatómicas. Estos cúbits pueden representar un uno y un cero al mismo tiempo, lo que, en principio, otorga a las computadoras cuánticas la capacidad de calcular simultáneamente todas las posibles soluciones a problemas tremendamente difíciles. Todavía es pronto, pero la rareza del mundo cuántico podría finalmente ofrecernos ordenadores que marquen el comienzo de una nueva era de descubrimiento científico acelerado.

# MAPA DE LA INFORMACIÓN

## CIENCIA

### MÉTODO CIENTÍFICO

Proceso que los científicos utilizan para explicar un aspecto del mundo natural. Consiste en: pregunta, hipótesis, predicción, experimento, análisis y conclusión.

### REVOLUCIÓN CIENTÍFICA

Periodo de descubrimientos significativos y cambios en la actitud hacia la ciencia y el mundo natural durante los siglos XVI y XVII que marcó el nacimiento de la ciencia moderna.

### TEORÍA

En ciencia, explicación estructurada y formal del aspecto de un hecho natural teniendo en cuenta las leyes y los hechos conocidos.

### TEORÍA DE JUEGOS

Área de las matemáticas que estudia estrategias asociadas a situaciones competitivas, utilizada para modelar los resultados del conflicto frente a la cooperación.

### TEORÍA DEL CAOS

Teoría que explica cómo pequeñas diferencias en las condiciones iniciales de un sistema dinámico complejo pueden producir resultados divergentes, aparentemente aleatorios. Relaciona el orden y los patrones a pequeña escala con el caos aparente a gran escala.

### JOHN VON NEUMANN

Matemático estadounidense de origen húngaro (1903-1957), pionero de la teoría de juegos moderna, que acuñó el término «suma cero» para los juegos de dos personas donde la pérdida de una implica la ganancia de la otra.

### EFECTO MARIPOSA

Relativo a la teoría del caos después de que Edward Lorenz la describiera en la conferencia de 1972 «¿Puede el aleteo de una mariposa en Brasil provocar un tornado en Texas?».

## EXPERIMENTO

Prueba o procedimiento para probar una hipótesis o una teoría, demostrar un hecho o hacer un descubrimiento.

## CONSTANTES FÍSICAS

Valores universales que nunca varían, como la velocidad de la luz en el vacío o la carga eléctrica de un único electrón. Se utilizan para definir las unidades básicas del Sistema Internacional de Unidades.

## UNIDAD (DE MEDIDA)

Medida estándar utilizada para describir la cantidad que hay de algo, generalmente adoptada por convención o por la conocida como ley de coherencia.

## SISTEMA INTERNACIONAL DE UNIDADES (SI)

Norma común mundial para las unidades de medida, con siete unidades de base: masa (kilogramo), longitud (metro), tiempo (segundo), corriente eléctrica (amperio), temperatura (kelvin), cantidad de sustancia (mol) e intensidad de la luz (candela).

## DATA

## TEORÍA DE LA INFORMACIÓN

Estudio de las condiciones y los parámetros que rigen la transmisión y el almacenamiento de información en los sistemas de comunicación.

## TEST DE TURING

Originalmente llamado el «juego de imitación» por el matemático e informático Alan Turing, es una prueba realizada con dos personas y un ordenador que pretende establecer si una máquina puede demostrar una inteligencia equivalente a la de un ser humano.

## REDES NEURONALES

Subconjunto de la inteligencia artificial destinado a simular la forma de funcionar de un cerebro humano mediante el uso de algoritmos para reconocer los patrones subyacentes en los conjuntos de datos sin tener que seguir listas completas de instrucciones.

## BIT

Dígito binario, la unidad de información básica en informática y comunicaciones digitales, con un valor de 0 o 1.

## APRENDIZAJE AUTOMÁTICO

Subconjunto de la inteligencia artificial. Ssistema informático que analiza grandes cantidades de datos etiquetados como modelos y vínculos que se utilizan para aprender y adaptar a una tarea concreta.

## INTELIGENCIA ARTIFICIAL (IA)

Inteligencia demostrada por máquinas, especialmente ordenadores, que les permite llevar a cabo de forma autónoma tareas que normalmente realizan los humanos.

## CÚBIT

Bit cuántico, unidad de información básica en un ordenador cuántico.

## ORDENADOR CUÁNTICO

Dispositivo que utiliza los estados cuánticos de las partículas subatómicas para procesar información. La supremacía cuántica se da cuando un ordenador cuántico resuelve un problema que ningún ordenador convencional puede resolver en un plazo de tiempo razonable.

# ¿Qué es fundamental en el método científico?

**➡ Pregunta, hipótesis, predicción, experimento, análisis y conclusión son los pasos clave del método científico. Se puede no estar de acuerdo sobre cómo trabaja la ciencia, pero la ciencia moderna no existiría sin estos procesos de investigación.**

¿Cómo adquirimos conocimiento sobre el mundo que nos rodea? Practicando la ciencia, por supuesto. Pero no siempre ha sido obvio cómo hacerlo.

Las personas empezaron a hacer trabajo científico mucho antes de que se llamara ciencia. Hace miles de años, los astrónomos hacían observaciones detalladas de las estrellas y los planetas, mientras que los metalúrgicos experimentaban con minerales de cobre y estaño para perfeccionar la receta que les permitiera obtener bronce.

Sin embargo, gran parte de la filosofía natural, como se conocía, se basaba más en el pensamiento profundo que en mediciones y experimentos. Muchos filósofos naturales pensaban que la pura lógica era suficiente para encontrar verdades sobre el mundo, usando el razonamiento por deducción. Sin embargo, otros señalaron que se podía obtener conocimiento científico de la experiencia directa. Uno de los primeros defensores de esta idea fue Ibn al-Haytham, un gran científico experimental que estudió la luz, las lentes y otros aspectos de la óptica en el Egipto de principios del siglo XI.

Este planteamiento prosperó durante un periodo de avances increíbles que se conoció como la Revolución Científica. Uno de sus protagonistas, el filósofo inglés Francis Bacon, estableció un protocolo en el siglo XVII para hacer ciencia a partir de la observación cuidadosa y de los hechos antes de formular cualquier teoría. Mientras tanto, el filósofo y matemático francés René Descartes dio cuerpo a la idea de que los científicos podían explicar el mundo a través de las mediciones y las matemáticas.

Los científicos empezaron a utilizar cada vez más los experimentos para probar sus teorías. Los estudiosos y expertos de hoy en día creen que una teoría solo es verdaderamente científica si se puede demostrar su falsedad mediante un experimento.

Los experimentos también deben poderse reproducir, de manera que otros científicos puedan repetirlos para comprobar los resultados. Esto puede llevar décadas, ya que requiere el trabajo de muchos expertos poder demostrar que una teoría es «verdadera», o tan cercana a la verdad como seamos capaces de conseguir.

Por encima de todo, el método científico se basa en demostrar las ideas con pruebas, en lugar de simplemente aceptar la teoría explicada por un profesor o maestro. El lema de la Royal Society, la organización británica de eminentes científicos de todo el mundo, es «Nullius in verba», que podría traducirse como «No hay que dar nada por sentado». Es una buena máxima, no solo para la ciencia, sino también para la vida.

# LA RUTA DEL CONOCIMIENTO

He aquí una manera de trazar un mapa del método científico. En primer lugar, los científicos observan algo que no entienden y se les ocurre una hipótesis para explicarlo. Luego, usan esta hipótesis para hacer una predicción y realizan un experimento para reunir pruebas que la confirmen o la refuten. De hecho, no hay un solo método científico, y los filósofos de la ciencia todavía discuten cómo funciona esta. Sin embargo, para los aspirantes a Einsteins, este sencillo modelo no es un mal punto de partida.

# ¿Es muy constante el Sistema Internacional de Unidades?

➡️ **Hoy en día, sí. Al principio, los científicos usaban objetos como estándares de medición. Pero, ahora, estas unidades se definen por siete constantes fundamentales que proporcionan a los científicos de todo el mundo un lenguaje internacional de medición.**

Las unidades de medida solían ser algo ambiguas. Un «codo» era la distancia desde el codo hasta la punta del dedo medio, por ejemplo, pero el codo mesopotámico no coincidía con el codo egipcio. Peor aún, proliferaron unidades extrañas: ¿alguien recuerda cuántas perchas hacen una cruz?

Esto representaba un gran problema para los científicos, que necesitan mediciones de gran precisión.

Desde 1790, la Academia de Ciencias de Francia, infundida de fervor revolucionario, desarrolló el sistema métrico para elaborar un conjunto de unidades más lógico. Aun así, persistía alguna incoherencia sobre cómo se definían sus unidades básicas. Por ello,, en la década de 1880, los científicos acordaron un estándar para el metro y el kilogramo. Siguieron otros acuerdos y, en 1960, se unieron todos en el Sistema Internacional de Unidades, generalmente conocido como SI.

El SI tiene siete unidades principales de medición, incluidos el segundo, el metro y el kilogramo. Algunas de ellas se definieron al principio con objetos únicos. Por ejemplo, un cilindro de aleación de platino-iridio se consideró el único y verdadero kilogramo durante más de un siglo. Conocido como Le Grand K, se conservaba en una cámara subterránea de Sèvres, Francia.

Se hicieron muchas otras copias de este kilogramo para enviarlas a cada nación del mundo con el objetivo de ayudar a calibrar las balanzas. Durante décadas, algunas de estas copias del kilogramo original variaron su masa en una docena de microgramos, por la absorción de gases del aire. Sin embargo, Le Grande K se mantuvo como el kilogramo sacrosanto (no porque su masa no hubiera cambiado, sino porque era el kilogramo por definición).

Sin embargo, desde 2019, las siete unidades principales se definen por constantes físicas inmutables, como la velocidad de la luz en el vacío o la carga de un solo electrón. El kilogramo se calcula ahora a partir de la constante de Planck. Este número increíblemente pequeño es la energía de un fotón de luz dividida por su frecuencia, un número que debe ser el mismo en todas partes del universo conocido. Descansen en paz los codos.

# LA MEDIDA DE LAS COSAS

*Segundo, metro, kilogramo, amperio, kelvin, mol y candela: estas son las unidades básicas que permiten a los científicos medirlo todo en el universo. Casi dos docenas de otras unidades del SI derivan de estos siete magníficos, incluido el becquerel (para medir la radiactividad) y el henrio (para medir la inductancia eléctrica). Aunque antiguamente algunas de estas unidades se definían mediante objetos físicos, hoy se basan en constantes fundamentales, como la constante de Planck (h).*

Para definir el kilogramo se usa la constante de Planck.

Las antiguas medidas incluían pies, manos y nudos.

# ¿Cómo comenzó la revolución de la teoría de la información?

**→ Reduciendo la forma de transmitir la información a la mínima expresión. Este hecho ha propiciado algunos de los cambios tecnológicos más significativos, desde la inteligencia artificial y las telecomunicaciones hasta internet.**

Los fundamentos de la teoría de la información fueron presentados por el ingeniero electrónico estadounidense Claude Shannon en su artículo de 1948 «Una teoría matemática de la comunicación», que luego apareció ampliado en un libro coescrito con Warren Weaver. Shannon estaba interesado en descubrir la cantidad máxima de información que un determinado canal de comunicación (de un cable de cobre a una radio) podía transmitir. En concreto, quería encontrar nuevas formas de hacer más eficaz la transferencia y determinar la velocidad a la que la información digital codificada se podía transmitir y procesar.

Antes de la teoría de la información, la comunicación remota se realizaba por señales analógicas, como un mensaje transmitido por cable. Shannon sabía que cuanto más lejos viajaba la señal, más se degradaba y más fluctuaciones, conocidas como ruido, sufría.

Pero se dio cuenta de que si se dividían las unidades de información en pequeños bloques indivisibles (unidades a las que llamó dígitos binarios, o bits), la calidad de las comunicaciones mejoraba considerablemente.

Los mensajes convertidos en cadenas de bits, comúnmente representados con unos y ceros, se podían transmitir por cable y reconstruir en el receptor. Incluso teniendo en cuenta el deterioro y el ruido, se pueden recabar y reconstruir porque se definen de una manera muy simple.

La teoría de la información demostró que los códigos hacían más eficaz la transmisión de información y aumentaban la rapidez de los ordenadores a la hora de procesarla. Este hallazgo ha sido crucial para el desarrollo de los teléfonos móviles y formatos como el CD y el DVD. Ha proporcionado la base matemática para un mayor almacenamiento de datos y un incremento constante de la capacidad de internet y de otros medios de comunicación para proporcionar información rápida y de alta definición. Toda la información digital que encontramos es el resultado de la mejora de la codificación a través de la teoría de la información.

Cuando nos referimos a la revolución de la información que nos rodea, todavía invocamos el concepto de Shannon de hace más de setenta años.

# BITS CLÁSICOS

Los videojuegos, desde el sencillo Space Invaders (véase *abajo*) hasta el más complejo Fortnite, han evolucionado a medida que la teoría de la información ha impulsado el desarrollo de la computación gráfica. Con la llegada de la computación cuántica, en la que los cúbits sustituyen a los bits tradicionales, la capacidad de procesamiento se irá incrementando (véase pág. 154). Aunque este cambio de transmitir datos en bits (unos y ceros) no está dirigido a la industria del ocio, es de esperar que transforme de manera notable los videojuegos de las generaciones futuras.

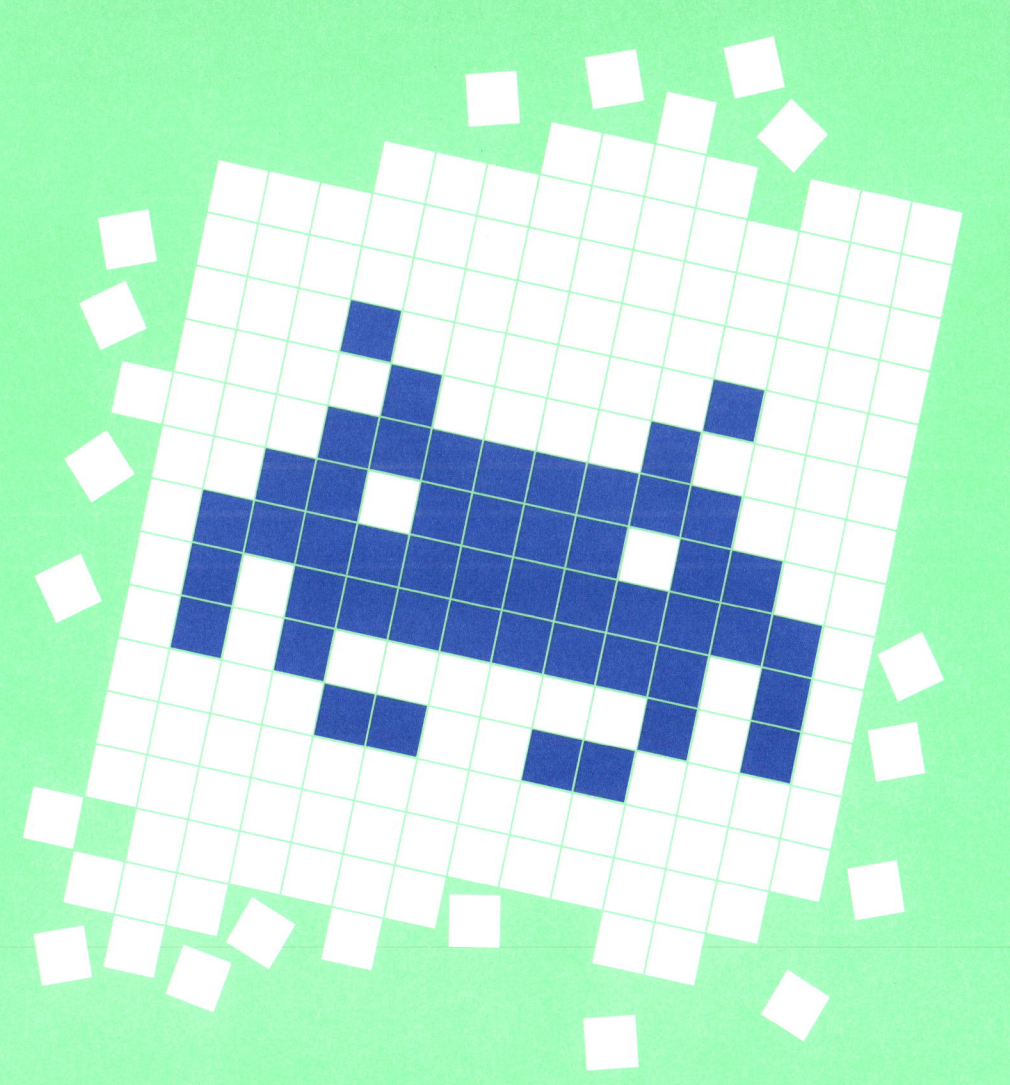

# ¿Podemos poner orden a partir de la teoría del caos?

**→ La teoría del caos describe cómo la mayoría de los sistemas complejos del mundo, gobernados por muchas ecuaciones predecibles, desembocan en caos y desorden.**

La teoría del caos, también conocida como el «efecto mariposa», es una teoría matemática que respalda muchos comportamientos que se observan en la naturaleza y la vida cotidiana.

En 1961, el matemático y meteorólogo Edward Lorenz estudiaba la manera de utilizar modelos informáticos para predecir los cambios meteorológicos. Una noche, encendió el ordenador en dos ocasiones diferentes, empezando con números algo distintos debido a un error de redondeo. Lorenz esperaba que el ordenador ofreciera resultados meteorológicos también ligeramente distintos, pero lo que se encontró le desconcertó profundamente: los dos escenarios predichos por la máquina eran completamente diferentes. De esta manera casual nació la teoría del caos.

Lorenz sabía que el tiempo dependía de muchas variables, como la velocidad y la dirección del viento, o la humedad y la temperatura, entre otras. Lo que descubrió fue que el sistema ganaba complejidad: los pequeños cambios en el valor inicial de cada condición conducían a cambios enormes en el resultado final.

El nombre formal para este fenómeno es caos determinista, también llamado sistema caótico. Los sistemas meteorológicos, por ejemplo, funcionan de acuerdo con unos procesos conocidos, que los expertos pueden trasladar a ecuaciones matemáticas. Sin embargo, la gran complejidad de esos sistemas conlleva resultados finales a menudo impredecibles.

Años más tarde, Lorenz describió su nueva teoría al mundo en la conferencia «¿Puede el aleteo de una mariposa en Brasil provocar un tornado en Texas?». Hoy en día, la teoría ayuda a explicar muchos fenómenos que se observan en la vida real, como la impredecibilidad del mercado de valores, las tendencias en la investigación médica, la robótica y numerosas aplicaciones científicas.

Aunque la teoría del caos suena a aleatoriedad, incluye patrones subyacentes y repeticiones. Por ejemplo, uno de los campos más conocidos de estudio dentro de la teoría del caos es el de los fractales, un término acuñado por Benoit Mandelbrot. El matemático demostró que si nos acercamos a ciertos objetos se aprecia un nivel de detalle aparentemente infinito, a menudo en un patrón de repetición. La belleza matemática de los fractales ha inspirado al mundo del arte y a películas como *Star Trek* y *Doctor Extraño*.

# EL EFECTO MARIPOSA

*Aunque no debe tomarse de forma literal, la analogía del aleteo de una mariposa en Brasil que provoca un tornado en Texas es el concepto clave de la teoría del caos. En sistemas muy complejos, como el clima de la Tierra, una pequeña fluctuación en una condición inicial (una mariposa batiendo sus alas) puede tener implicaciones profundas en otras partes del sistema algún tiempo después.*

# ¿La vida es solo una teoría de juegos?

**➡ No. Pero las matemáticas de la teoría de juegos han demostrado ser una herramienta muy útil para explicar los conflictos y la cooperación en campos tan diversos como la economía, la biología evolutiva, la ciencia política y la psicología.**

Desde hace más de 100 años, los matemáticos han tratado de construir una teoría rigurosa de la competición. El experto en ajedrez y matemático Emanuel Lasker era de los que esperaban que una nueva «ciencia de la competición» proporcionara un medio racional para resolver disputas, convirtiendo la guerra en algo obsoleto.

Sin embargo, el paso decisivo para establecer la teoría de juegos moderna corresponde al genio estadounidense de origen húngaro John von Neumann y a su teorema minimax, de 1928. Este teorema se aplica solo a juegos con dos oponentes, en los que la pérdida de una persona supone la ganancia de la otra. Von Neumann acuñó el término «suma cero» para describir juegos de conflicto absoluto. Demostró que por cada partida de suma cero entre dos jugadores, desde el ajedrez hasta el popular «piedra, papel o tijeras», cada jugador tiene una estrategia que le garantiza el mejor resultado, asumiendo que su oponente piensa en los mismos términos.

Más adelante, von Neumann intentó generalizar la teoría y ampliarla a juegos con cualquier número de jugadores, incluso a aquellos que pueden proporcionar beneficios. Escrito con el economista alemán Oskar Morgenstern y publicado en 1944, *Theory of Games and Economic Behavior* («Teoría de juegos y comportamiento económico») es una teoría del juego cooperativo que muestra cómo a veces un equipo puede aliarse con otro para ganar, como en el caso de empresas que conspiran para incrementar el precio a los consumidores.

Pero ¿qué pasaría si los jugadores no pudieran o simplemente no quisieran colaborar? En 1950, el estadounidense John Nash demostró que, en estas circunstancias, hay ciertos resultados para todos los juegos (de suma cero o no, e independientemente del número de participantes), ahora llamados «equilibrios de Nash», en los que ningún jugador puede hacerlo mejor cambiando unilateralmente su estrategia.

La teoría del juego «no cooperativo» de Nash abrió las compuertas de la economía y de muchas otras disciplinas. Quizás el área de aplicación más inesperada fuera la del comportamiento animal, donde la teoría de juegos ayudó a los biólogos a entender cómo la cooperación podría evolucionar en la naturaleza. Las subastas diseñadas por los teóricos del juego se usaron para vender fragmentos del espectro de radio a las empresas de telecomunicaciones, haciendo ganar miles de millones a los gobiernos. Hoy en día, los teóricos del juego consiguen beneficios millonarios para los titanes de la tecnología, creando mercados de publicidad en línea, sistemas de licitación y algoritmos de clasificación de productos.

# EL DILEMA DEL PRISIONERO

El «juego» más famoso surgido de la teoría de juegos es el «dilema del prisionero», que describe una situación en la que la línea de acción más racional por ambos lados conlleva el peor resultado para todos. Desarrollado por analistas de defensa de la RAND Corporation en 1950, el juego explica la visión de algunos estrategas sobre el estancamiento nuclear durante la Guerra Fría. El único equilibrio de Nash posible es que los prisioneros confiesen un crimen que cometieron juntos, aunque si ambos prisioneros hablan, el resultado es peor que si no lo hacen.

# ¿Pueden las máquinas aprender a pensar como los humanos?

**→ Tal vez algún día, pero aún no. Si no entendemos del todo cómo funciona el cerebro humano, es razonable suponer que no podremos crear máquinas que piensen como nosotros en las próximas décadas.**

La inteligencia artificial (IA), un término acuñado por el científico cognitivo estadounidense John McCarthy en la década de 1950, es una disciplina que puede generar titulares aterradores. En su versión más distópica, genera un enorme temor: si creamos robots que piensen como nosotros, acabarán dominando el mundo.

La verdad es que ningún ordenador ha superado todavía el test de Turing. Debe su nombre a Alan Turing, el matemático británico y padre de la teoría informática moderna, que murió en 1954. Esta prueba mide la capacidad de una máquina de manifestar un comportamiento inteligente indistinguible del de un ser humano.

Hoy en día, disponemos de máquinas que traducen del hindi al maorí, vencen a los grandes expertos en ajedrez e identifican anomalías en los escáneres de resonancia magnética antes de que lo hagan los médicos, pero aun así no piensan como nosotros. Dependen del aprendizaje automático, que requiere grandes cantidades de datos, muchos más de lo que los humanos necesitan, para aprender algo. Además, cada máquina solo gana habilidades específicas, como jugar a un videojuego en particular. Este no es el camino hacia el pensamiento flexible y humano, como debatir sobre geopolítica o analizar la estética de una pintura de Tiziano.

Crear un robot con inteligencia humana es algo tremendamente complejo. Muchos expertos en IA lo consideran inviable y cuestionan si sería deseable. Sin embargo, ha habido avances en programación basada en redes neuronales, un subconjunto del aprendizaje automático cuyo objetivo es simular la manera de operar de los cerebros humanos. Las redes neuronales utilizan algoritmos para reconocer patrones subyacentes en conjuntos de datos sin tener que seguir listas completas de instrucciones. Hasta cierto punto, su estructura imita la manera en que las neuronas biológicas humanas se comunican entre sí.

El *software* que utiliza las redes neuronales se puede entrenar, a través del ensayo-error, para jugar a juegos de mesa o reconocer caras, por poner un par de ejemplos. Pero ni siquiera así se replican los procesos del pensamiento humano que son responsables, autónomos y conscientes. Quizás algún día, una máquina con capacidad de predecir, desear, creer y otras cosas similares (lo que los filósofos llaman la «teoría de la mente») podrá superar el test de Turing. Pero eso parece estar muy lejos todavía.

# EL TEST DE TURING

El test de Turing lo realiza un juez imparcial. Los sujetos de la prueba (un ser humano y un ordenador) están ocultos. El juez mantiene una conversación con ambas partes e intenta identificar quién es quién a partir de la calidad de su conversación y de sus respuestas. Si el juez no puede distinguirlos, el ordenador gana porque ha demostrado tener inteligencia humana, es decir, que puede pensar como nosotros.

# ¿Quién ha reivindicado supremacía cuántica?

**→ Google fue el primero, cuando en el año 2019 demostró que su procesador cuántico Sycamore de 54 cúbits había realizado un cálculo en 200 segundos, algo que en un ordenador convencional habría llevado siglos.**

Por supremacía cuántica entendemos el momento en el que un ordenador cuántico puede resolver un problema cuya respuesta no encontraría un ordenador convencional en un tiempo razonable. En 2019, Google afirmó haberlo logrado. Algunas empresas competidoras discutieron el mérito, mientras otras afirmaban que era un avance equivalente al primer vuelo de los hermanos Wright.

¿Por qué tanto alboroto? Por la complejidad de los ordenadores cuánticos, unos dispositivos que utilizan los estados cuánticos de las partículas subatómicas para procesar información en lugar de codificarla en binario con los llamados «bits» (*véase* pág. 146), como hace un ordenador convencional.

La unidad básica de la memoria de un ordenador cuántico es el cúbit, que se crea a partir de partículas subatómicas, como electrones o fotones. Los cúbits tienen propiedades peculiares que se traducen en un poder de procesamiento muy superior al de los bits binarios convencionales. Por ejemplo, a diferencia de un bit, un cúbit puede ser un 0, un 1 o la superposición de ambos. El entrelazamiento, aquello que Albert Einstein describió como una «acción espeluznante a distancia», es otra propiedad fundamental y compleja de los cúbits.

Estas propiedades dan ventaja a los ordenadores cuánticos en situaciones donde hay un gran número de combinaciones posibles (por ejemplo, al intentar predecir los movimientos futuros de los mercados financieros). Los ordenadores cuánticos pueden considerar todas las posibilidades simultáneamente, mientras que los ordenadores convencionales tendrían que considerarlas una por una. Sin ninguna duda, encontrar una aguja en un pajar es más fácil con una computadora cuántica.

El poder de un ordenador cuántico se incrementa exponencialmente con más cúbits. Mil cúbits entrelazados representan más números que átomos hay en el universo.

Sin riesgo a equivocarnos, podemos afirmar que todavía pasará algún tiempo antes de que las aplicaciones prácticas de los ordenadores cuánticos se hagan realmente evidentes. Mientras tanto, el estado cuántico de los cúbits hace que sean extremadamente frágiles, haciéndolos propensos a errores y a «chocar» en un proceso conocido como decoherencia cuántica. Por tanto, requieren ambientes protectores, como vacíos y temperaturas extremadamente frías. Esto significa que, para la mayoría de las situaciones cotidianas, los ordenadores convencionales se mantendrán vigentes durante mucho tiempo.

# COMPUTACIÓN CUÁNTICA

*Un bit de ordenador convencional puede tener dos estados (un 0 o un 1) y transmite la información en cualquiera de estas dos formas. Un cúbit puede ser un 1, un 0 o una «superposición» de ambos (a partir de complejísimas operaciones matemáticas), por lo que la capacidad del ordenador cuántico para procesar información aumenta exponencialmente. El término «supremacía cuántica» fue acuñado por el físico teórico John Preskill en 2012. Google declaró su supremacía cuántica e investigadores chinos hicieron afirmaciones similares, lo que provocó alarmantes titulares sobre el hecho de que hoy en día no hay ningún código invulnerable (desde nuestra contraseña bancaria hasta sistemas de armas nucleares). Pero la verdad es que a la computación cuántica le queda todavía mucho camino por recorrer antes de sustituir a la tecnología informática convencional.*

**ORDENADOR CUÁNTICO**

0

z

x

y

1

La esfera de Bloch representa todos los estados posibles de un cúbit.

**ORDENADOR CONVENCIONAL**

0 ———— 1

# LECTURAS ADICIONALES

Arney, Kat. *How to Code a Human*. Londres: Welbeck Publishing, 2017

Asimov, I. *Enciclopedia biográfica de ciencia y tecnología*. Madrid: Alianza Editorial, 1987.

Bhattacharya, Ananyo. *El libro del futuro. La vida visionaria de John von Neumann*. Madrid: Anaya Multimedia, 2022.

Bodanis, D. *E=mc²: La biografía de la ecuación más famosa del mundo*. Barcelona: Amat Editorial, 2020.

Chalmers, A. F. *¿Qué es esa cosa llamada ciencia?* Madrid: Siglo XXI Editores, 2010.

Clegg, Brian. *Diez patrones que explican el universo*. Barcelona: Blume, 2022.

Close, F, Marten M. y Sutton C. *The Particle Explosion*. Oxford: Oxford University Press, 1986

Gleick, James. *Caos. La creación de una ciencia*. Barcelona: Editorial Crítica, 2012.

Meadows, D. H. y otros. *The Limits to Growth. A Report for the Club of Rome's Project on the Predicament of Mankind*. Ticehurst: Earth Island, 1972.

Pilcher, Helen. *Life Changing – How Humans are Altering Life on Earth*. Londres: Bloomsbury Sigma, 2020

Pilcher, Helen. *Mind Maps Biology: How to Navigate the Living World*. Cheltenham: The History Press, 2020

Pratt, Carl J. *Física cuántica para principiantes: Desde la teoría ondulatoria hasta la computación cuántica. La comprensión de cómo funciona todo mediante una explicación simplificada de los principios de la física y la mecánica cuánticas*. Edición independiente, 2022.

Rae, Alastair I. M. *Quantum Mechanics*. Cambridge: Cambridge University Press, 2012

Still, Ben. *Mind Maps Physics: How to Navigate the World of Science*. Cheltenham: The History Press, 2020

Strathern, P. *El sueño de Mendeléiev. De la alquimia a la química*. Madrid: Siglo XXI Editores, 2000.

Wooster, Jeremy. *Quantum Physics For Beginners: The Simple Guide to Discovering How Theories of Quantum Physics Can Change Your Everyday Life. The Secrets of New Scientific Knowledge Made Uncomplicated and Practical*. Edición independiente, 2022.

## RECURSOS EN INTERNET

*Chemistry World*
www.chemistryworld.com

*Nature*
www.nature.com

*New Scientist*
www.newscientist.com

*Science Focus*
www.sciencefocus.com

# RESEÑAS DE LOS COLABORADORES

## ASESOR EDITORIAL

### Mark Peplow

Mark Peplow es un periodista científico con más de 20 años de experiencia como reportero y editor. Ha sido jefe de redacción de *Nature* y editor de *Chemistry World*. Su especialidad son las ciencias físicas: desde la astrofísica y las ciencias planetarias hasta la química y los materiales, pasando por el estudio de la Tierra y la ciencia ambiental.

Mark tiene un máster en química por la Universidad de Oxford, y un doctorado en química organometálica y un máster en comunicación científica por el Imperial College de Londres. Vive en Penrith, Reino Unido, y pasa tanto tiempo como puede haciendo senderismo por las colinas del Lake District.

## ILUSTRADOR

### Robert Brandt

Residente en el Reino Unido, durante más de veinte años Robert Brandt ha sido comunicador visual especializado en la ilustración de temas técnicos y científicos, desde astrofísica hasta bioquímica. Trabaja con expertos del mundo editorial, la industria y la educación para plasmar temas complejos de manera accesible para el gran público.

## COLABORADORES

### Ananyo Bhattacharya

Ananyo Bhattacharya es licenciado en física por la Universidad de Oxford y doctorado en cristalografía de proteínas por el Imperial College de Londres. Es un periodista científico que ha trabajado en *The Economist y Nature*.

### Thomas Buggey

Thomas Buggey es investigador posdoctoral en el Centre for Electronic Imaging de la Open University, con amplia experiencia en física, astronomía e instrumentación de ciencias espaciales. Sus actuales áreas de investigación incluyen el desarrollo de detectores en telescopios espaciales para grandes agencias como la NASA y la ESA.

### Mick O'Hare

Mick O'Hare está especializado en escribir sobre ciencia e historia del espacio. Fue editor de *New Scientist* y ahora escribe para *The Independent* y *The New European*, entre otros.

### Helen Pilcher

Helen Pilcher es doctora en biología celular por el Instituto de Psiquiatría de Londres, además de licenciada en psicología y neurociencia. Trabajó de periodista para la revista *Nature* y dirigió el programa Science in Society de la Royal Society. Actualmente escribe y habla de ciencia. Ha escrito muchos libros de ciencia, así como noticias y reportajes para publicaciones como *The Guardian, New Scientist* y *Science Focus*.

### Sheona Urquhart

Sheona Urquhart es investigadora y profesora de astrofísica de la Open University. Sus áreas actuales de investigación e interés incluyen las estructuras a gran escala del universo y las galaxias con desplazamiento al rojo.

# ÍNDICE ALFABÉTICO

## A

abiogénesis 13, 22
aceleración 40
ácido desoxirribonucleico
   (*véase* ADN)
ADN 22, 85, 86, 94-97
agujeros negros 31, 42-43
alelo 86, 96
aminoácidos 86, 98
Ampère, André-Marie 38
antibióticos 106, 112
anticuerpos 104, 108, 109
antimateria 65, 67, 74-75
antígenos 104, 108
Apher, Ralph 14
aprendizaje automático 139, 141,
   152-153
Aristóteles 52
ARN (ácido ribonucleico) 13, 22,
   23, 108
Arnold, Frances 98
arqueas 87, 88, 89
átomos 48, 50, 52-53

## B

Bacon, Francis 142
bacterias 85, 87, 88, 89
Big Bang 10, 12, 14-15, 17
biodiversidad 120, 123, 126-127
Biot, Jean-Baptiste 58
bits 141, 146
bosones 66, 76, 80
bosón de Higgs 65, 66, 77, 80-81
Bruno, Giordano 132

## C

cadena alimentaria 123, 124
caldo primigenio 13, 22-23
calentamiento global 120, 122,
   124-125
cambio climático 120, 122, 124-125, 126
campos magnéticos 28, 30
carga eléctrica 30, 38
Cavendish, Henry 34
células 84, 87, 92-93
células madre 103, 105, 114
Chandrasekhar, Subrahmanyan 42
Charpentier, Emmanuelle 116
clonación 105, 114
combustibles fósiles 122, 124, 130, 131

compuestos 48, 51
computación cuántica 139, 141,
   154-155
constantes físicas 141, 144
Crick, Francis 86, 94, 96
CRISPR-Cas9 105, 116, 117
cubits 141, 154-155

## D

Dalton, John 52
Darwin, Charles 12, 24
de Broglie, Louis 70
Demócrito 51, 52
Descartes, René 142
desintegración radiactiva 13, 18,
   19, 74
detectores de partículas 66, 78
dilatación del tiempo 40, 41
dilema del prisionero 151
Dirac, Paul 67, 68, 74
Doudna, Jennifer 116
Drake, Frank 123
dualidad onda-partícula 64, 67, 68,
   70-71

## E

$E=mc^2$ 31, 40, 75
economía circular 121, 122, 128, 129
ecosistemas 120, 123, 124-125, 127
ecuación de Dirac 74
ecuación de Drake 121, 123, 134
ecuaciones de Maxwell 30, 38-39
Eddington, Arthur 16
edición genética 103, 105, 116-117
efecto fotoeléctrico 68, 69
efecto mariposa 140, 148
Einstein, Albert 29, 31, 34, 40, 42,
   68, 70
electromagnetismo 20, 30, 38-39
electrones 48, 50, 56
elementos 48, 50, 54
energía 28, 31, 131
energía oscura 29, 30, 44, 76
energía renovable 121, 122, 130-131
enfermedad 107, 110-111
Englert, François 80
enlaces químicos 49, 51, 56-57
entrelazamiento 67, 68, 154
entropía 31, 36
enzimas 85, 86, 94, 98-99

epidemiología 102, 104, 110-111
espacio-tiempo 31, 34, 35, 40, 42
especies 10, 12, 24, 124, 126
especies invasoras 116, 123, 126
estrellas 10, 12
eucariotas 87, 88
evolución 11, 13, 24
evolución dirigida 87, 98
exoplanetas 121, 122, 132, 133, 134
experimento de la doble rendija
   67, 70, 72
experimentos 141, 142
extinción 120, 123, 124-125

## F

Faraday, Michael 38
fermiones 66, 76
Feynman, Richard 61, 68, 155
Fleming, Alexander 105, 112
fondo cósmico de microondas 10,
   12, 14, 15
fotones 64, 66
fotosíntesis 84, 87, 90-91
Franklin, Rosalind 86, 96
fuerzas 28, 30, 80
fuerzas ficticias 32, 33
fusión 11, 12, 16, 17

## G

galaxias 12, 14, 15, 29, 44-45
Galileo 35
gases de efecto invernadero 120, 122
gato de Schrödinger 67, 73
Gauss, Carl Friedrich 38
genes 85, 86, 94, 96-97
genomas 97, 96, 97, 110, 116
gérmenes 102, 104, 106-107
gravedad 30, 34-35, 40, 76
Grupo Intergubernamental de
   Expertos sobre el Cambio
   Climático 125
Gurdon, John 114

## H

Hawking, Stephen 42
He Jiankui 116
Heisenberg, Werner 72
Helmont, Jan Baptista van 90
Higgs, Peter 80
Hooke, Robert 35, 92

horizonte de sucesos 42, 43
Hoyle, Fred 16

**I**

Ibn al-Haytham 142
inmunidad 102, 104, 108-109
inteligencia artificial 141-142, 152-153
iones 50, 56, 57
isótopos 50, 53

**J**

Jenner, Edward 108

**K**

Kajita, Takaaki 78
Keeling, Charles 125
Kepler, Johannes 35
Koch, Robert 106
Krikalev, Sergei 41

**L**

Lasker, Emanuel 150
le Verrier 34
Leeuwenhoek, Antonie van 92
Lewis, Gilbert 56
ley cero 36, 37
ley de la gravitación universal 34-35
leyes de la termodinámica 36-37
leyes del movimiento 28, 30, 32-33
Linneo, Carlos 84, 88
Lister, Joseph 106
Lorenz, Edward 148
límites del crecimiento 122, 128-129
línea germinal 105

**M**

Mandelbrot, Benoit 148
materia oscura 29, 30, 44-45, 76
Maxwell, James Clerk 30, 38
McCarthy, John 152
McDonald, Arthur 78
mecánica cuántica 64, 67, 68-69
medio ambiente 122, 124, 126, 128
Mendel, Gregor 96
Mendeléiev, Dimitri 48, 51, 54
microondas 10, 13
Miller, Stanley 22
modelo estándar 65, 66, 76-77, 78, 80
moléculas 49, 51
Morgenstern, Oskar 150
movimiento 28, 30, 32-33
mutación 87, 98, 99
método científico 138, 140, 142-143

**N**

nanotecnología 49, 51, 60-61
Nash, John 150
Neumann, John von 140, 150
neutrinos 65, 66, 76, 78-79, 80
neutrones 48, 50
Newton, Isaac 28, 30, 32, 34
Nightingale, Florence 104, 110
núcleo 48, 50, 52, 56
número atómico 50, 52, 54
número de reproducción 111

**O**

oscilaciones de neutrinos 78, 79

**P**

pandemia 104, 108, 110
pares de bases 87, 94, 95
partículas fundamentales 65, 66, 78
Pasteur, Louis 58, 104, 106
pasteurización 104, 106
penicilina 103, 105, 112
Penzias, Arno 14
PET (*véase* tomografía de emisión de positrones)
Planck, Max 64, 68, 145
Platón 52
positrones 65, 66, 74
principio de incertidumbre 64, 67, 68, 72-73
proteínas 86, 94
protones 48, 50
puntos de inflexión 123, 124, 126

**Q**

quiralidad 49, 51, 58-59

**R**

$R_0$ (número de reproducción) 111
radiación electromagnética 13, 29
reacciones químicas 48, 51, 98
redes neuronales 141, 152
reprogramación celular 105, 114-115
resistencia 103, 105, 112-113
revolución científica 138, 140
ribosomas 86, 94

**S**

Sagan, Carl 17
Schleiden, Matthias 92
Schwann, Theodor 92

Seaborg, Glenn 55
secuenciación genética 87
selección natural 12, 24-25
semivida 13, 18-19
Semmelweis, Ignaz 102, 106
SETI 121, 123, 134
Shannon, Claude 146
Sistema Internacional de Unidades 136, 141, 144-145
Snow, John 110
supernova 11, 12

**T**

tabla periódica 48, 50, 54-55
taxonomía 84, 87, 88-89
tectónica de placas 11, 13, 20-21
teoría (definición) 140
teoría de juegos 139, 140, 150-151
teoría de la relatividad especial 29, 31, 35, 40
teoría de la relatividad general 29, 31, 34, 35, 40, 42
teoría del caos 139, 140, 148-149
termodinámica 28, 31, 36-37
test de Turing 141, 152, 153
tomografía de emisión de positrones 66, 74
Turing, Alan 141, 152

**U**

unidades (de medida) 141
Urey, Harold 22

**V**

vacunas 108, 109
velocidad de la luz 40-41
vida extraterrestre 123, 132, 134-135
Virchow, Rudolph 92

**W**

Watson, James 86, 94, 96
Weaver, Warren 146
Wegener, Alfred 20
Wilson, Robert 14
Woese, Carl 88

**Y**

Yamanaka, Shinya 114
Young, Thomas 70

**Z**

zona «Ricitos de Oro» 123, 132-133
Zwicky, Fritz 45

# AGRADECIMIENTOS

Quisiera dar las gracias a nuestra infatigable coordinadora editoria, Kate Duffy, por su asesoramiento constante en la creación de este libro, y a nuestra correctora de estilo, Karen Packham, por su paciencia y atención al detalle. Agradezco a todos los coautores del libro su contribución en campos científicos que quedan fuera de mis conocimientos. Un fuerte abrazo a mis hijas Maia y Emily, cuyos consejos me han ayudado a abordar muchas de las ideas de este libro. Y, sobre todo, gracias a mi esposa Lianne, que lo hace todo posible.

Mark Peplow